Konflikte erfolgreich managen

Eberhard G. Fehlau

HAUFE.

Inhalt

Teil 1: Praxiswissen Konfliktmanagement

Teil 2: Training Konfliktmanagement

Vorwort

Jeder kennt sie, keiner will sie haben: Auseinandersetzungen, Meinungsverschiedenheiten, Streitereien. Doch überall dort, wo Menschen zusammenarbeiten, gibt es sie: Konflikte in ihren unterschiedlichen Ausprägungen und Erscheinungsformen. Nicht alle lassen sich lösen; einige aber können verhindert, andere erfolgreich geregelt werden. Und nicht immer sind Konflikte schädlich, häufig eröffnen sie erst die Möglichkeit zur Veränderung und Weiterentwicklung. Sei es als Beteiligter oder Kollege, Mitarbeiter oder Vorgesetzter – auch Sie werden immer wieder vor der Aufgabe stehen, mit Konflikten umgehen zu müssen. Wie Sie diese Herausforderung mit mehr Kompetenz meistern können, erfahren Sie in den ersten Kapiteln dieses TaschenGuides.

Im zweiten Teil finden Sie ein ausführliches Übungsprogramm. Viele Trainingseinheiten machen Sie für ein erfolgreiches Konfliktmanagement fit. Sie unterstützen Sie dabei, souverän und konstruktiv mit Auseinandersetzungen umzugehen und diese einer Lösung zuzuführen.

Viel Erfolg dabei wünscht Ihnen

Eberhard G. Fehlau

Hinweis: Wenn in diesem TaschenGuide von Mitarbeitern, Kollegen und Vorgesetzten gesprochen wird, geschieht dies nur aus Gründen der besseren Lesbarkeit. Selbstverständlich sind immer auch Mitarbeiterinnen und Kolleginnen sowie weibliche Vorgesetzte gemeint.

Teil 1: Praxiswissen Konfliktmanagement

Konflikte erkennen und einschätzen

Zwei Kollegen können sich nicht riechen. Oder ein Mitarbeiter ist neidisch auf den Erfolg des anderen. Oder ein Teammitglied wird gemobbt. Sicher kennen Sie zahlreiche Beispiele dieser oder vergleichbarer Art. Alles mehr oder minder ernste Konflikte – und alle können eskalieren.

In diesem Kapitel erfahren Sie,

- welche Arten von Konflikten es gibt und worin ihre Ursachen liegen,
- worin sich ein einfacher Konflikt von systematischem Mobbing unterscheidet,
- welchen Nutzen Konflikte bringen können und
- woran Sie erkennen, dass ein Konflikt droht.

Konfliktmanagement lohnt sich

Treffen Menschen mit unterschiedlichen Ansichten und Einstellungen, Erwartungen und Machtpotenzialen, Wertvorstellungen und Zielen aufeinander, so sind Meinungsverschiedenheiten und Missverständnisse kaum zu vermeiden. Konflikte zählen zu den ganz normalen Begleiterscheinungen unseres Zusammenlebens – im Alltag wie im Beruf. Auf Dauer kann ihnen niemand entkommen. Auch Sie nicht!

Für Menschen, die am Arbeitsplatz aufeinander angewiesen sind, gehören Konflikte zum festen Bestandteil des Berufsalltags. Oft sind jedoch nicht Interessenunterschiede und Meinungsverschiedenheiten das eigentliche Problem, sondern die Art und Weise, wie mit diesen umgegangen wird.

Die Fähigkeit, Konflikten selbstbewusst zu begegnen und sie erfolgreich zu regeln, stärkt Ihre Position im Kreis der Kollegen ebenso wie bei Vorgesetzten. Konfliktmanagement wird damit zu einem entscheidenden Erfolgsfaktor Ihrer beruflichen Karriere!

Konflikte sind verschieden

Ob Machtspiele oder Meinungsunterschiede, Reibereien oder Rivalitäten – grundsätzlich lassen sich mehrere Konfliktformen unterscheiden:

- intrapersonale Konflikte,
- interpersonale Konflikte,
- Konflikte in oder zwischen Gruppen.

Intrapersonale Konflikte

Hat man mit sich selbst zu kämpfen, weil man eine schwierige Entscheidung treffen soll oder nicht recht weiß, was gerade wirklich wichtig ist, so handelt es sich um intrapersonale Konflikte. Diese werden umgangssprachlich auch als Gewissenskonflikte bezeichnet und beruhen nicht selten auf Selbstzweifeln und Unsicherheiten, die sich unter Entscheidungsdruck schnell zu einem konfliktträchtigen Verhalten entwickeln können.

Interpersonale Konflikte

Wenn zwei oder mehrere Personen nicht miteinander klarkommen, spricht man von interpersonalen Konflikten. Nicht selten werden innere Konflikte auf andere Personen übertragen und aus einem intrapersonalen wird ein *inter*personaler Konflikt. So z.B. wenn man mit der eigenen Arbeit unzufrieden ist, dafür aber die Kollegen verantwortlich macht.

Konflikte in oder zwischen Gruppen

Bei Auseinandersetzungen in oder zwischen Arbeitsgruppen spielen neben persönlichen Aspekten zumeist auch abteilungs- oder unternehmensspezifische Probleme eine Rolle. Häufig ergeben sich solche Gruppenkonflikte aus veränderten Arbeitsbeziehungen: Die Führung wechselt, man soll in andere Büroräume umziehen und hat mit neuen Kollegen zu tun, oder es wird im Unternehmen umstrukturiert.

Beispiel

Verkaufsrückgänge zwingen ein mittelständisches Unternehmen zu umfangreichen Sparmaßnahmen. Ein konsequenter Personalabbau wird eingeleitet. Eine Abteilung fühlt sich durch die Umstellung der Arbeitsabläufe besonders benachteiligt. Die Mitarbeiter versuchen, die vermeintliche Besserstellung der anderen Abteilungen durch besonderes Engagement und entsprechenden Einsatz wettzumachen. Zwischen den Abteilungen entsteht eine Rivalität mit hohem Konfliktpotenzial.

Ursachen gibt es genug

Jeder Konflikt ist anders – und doch gibt es gewisse Gemeinsamkeiten, denn in aller Regel ist der zentrale Gegenstand von Konflikten eine Unvereinbarkeit von Bedürfnissen, Motiven, Werten oder Zielen, aber auch von Status, Macht oder Verteilungsverhältnissen.

Wenn Wahrnehmung und Beurteilung sich unterscheiden

Ein Azubi bewundert die Schnelligkeit seines Chefs, ein Kollege hält den Vorgesetzten dagegen für viel zu umständlich. Die gleiche Leistung wird hier völlig verschieden wahrgenommen. Das kann an unterschiedlicher Erfahrung liegen, an verschiedenen Interessen oder auch daran, dass man von einer Sache mehr oder weniger betroffen ist. Wer sich in andere Menschen und Situationen hineinversetzen kann, hat es dabei viel leichter. Wenn es Ihnen gelingt, Ihren Blickwinkel zu erweitern, so erscheinen mögliche Konfliktfelder unverhofft in einem anderen Licht – und können dadurch an Bedeutung gewinnen oder auch verlieren.

Auf die Sichtweise kommt es an

Um ein Problem richtig einschätzen zu können, bedarf es also einer differenzierten Sichtweise. Dazu brauchen Sie allerdings auch ein breites Spektrum von Informationen. Werden Sachverhalte – weil entsprechendes Fach- und Hintergrundwissen fehlen – lediglich aus einer Perspektive wahrgenommen, kann es leicht zu Fehleinschätzungen kommen.

Eine solch unterschiedliche Wahrnehmung und Einordnung von Problemen führt zu *Beurteilungskonflikten*. Die Kontroverse entwickelt sich, weil bestimmte Sachverhalte verschieden eingeschätzt werden. Da es nie allen Beteiligten möglich sein wird, eine einzige Meinung zum strittigen Thema zu bilden und – ohne das Eingehen eines Kompromisses – ein fundiertes Urteil abzugeben, sind Konflikte geradezu vorprogrammiert.

Differenzen bei Motiven und Zielen

Ein Mitarbeiter arbeitet jeden Tag bis weit in den Abend und opfert sogar noch seine Wochenenden, während sein Kollege pünktlich nach Hause geht und jede Überstunde aufschreibt. Die beiden geraten deswegen immer öfter aneinander. Doch warum unterscheiden sie sich so krass hinsichtlich ihrer Arbeitseinstellung voneinander? Ist es einfach nur böser Wille? In aller Regel entstehen solche Konflikte, weil konkurrierende Motive die Handlungsweise bestimmen.

Obwohl sie aufeinander angewiesen sind, sprechen die Betroffenen nicht offen über die Motive ihrer unterschiedlichen Einsatzbereitschaft und unterlassen es, ihre Absichten zu koordinieren. Dieser Mangel erklärt solche weit verbreiteten *Zielkonflikte*, bei denen sich Mitarbeiter mit ihren jeweiligen Plänen und Vorstellungen unversöhnlich gegenüberstehen. Ohne ein gewisses Maß an Kompromissfähigkeit sind Konfrontationen und Machtkämpfe unausweichlich.

Beispiel

Geschäftsleitung und Betriebsrat führen eine Auseinandersetzung über den zukünftigen Personalbedarf. Während die Interessenvertretung der Beschäftigten die Einstellung neuer Mitarbeiter für notwendig hält, ist es das erklärte Ziel der Unternehmensseite, weitere Stellen zu streichen. Schwierige Verhandlungen stehen bevor, um bei derart konträren Zielvorstellungen zu einem Kompromiss zu finden.

Unvereinbarkeit verschiedener Rollen

Jeder Mitarbeiter muss an seinem Arbeitsplatz mehreren sozialen Rollen nachkommen, ob als Arbeitskollege oder Projektverantwortlicher, Büroleiter oder Kundenberater, Betriebssportler oder Personalrat. Der Arbeitsalltag zeigt, dass sich die Anforderungen an derart verschiedene Rollen oft durchkreuzen oder sogar widersprechen. Sind die Erwartungen eines Mitarbeiters an seine eigene Rolle nicht zu erfüllen, wird dies mit großer Wahrscheinlichkeit zu einem Rollenkonflikt führen.

Beispiel

Ein erfolgreicher, durch ständige Notdienste jedoch zeitlich stark beanspruchter Arzt möchte auch seinem Anspruch als engagierter Familienvater gerecht werden. Doch die beiden Rollen lassen sich kaum miteinander vereinbaren, es gelingt ihm nur in Ausnahmefällen.

Führungskräfte sind von solchen Rollenkonflikten sehr oft betroffen. Ihre eigenen Vorgesetzten treten ihnen meist mit ganz anderen Erwartungen gegenüber wie ihre Mitarbeiter. Diesen oft widersprüchlichen Interessen gleichermaßen nachkommen zu müssen, kann leicht zu einem Rollenkonflikt führen. Um sich nicht in den jeweiligen Anforderungen und Aufgaben zu verstricken, müssen Führungskräfte ihre eigenen Interessen deshalb immer wieder hinterfragen und neu bestimmen.

Kampf um Anerkennung und Ressourcen

Die Bedeutung einer Tätigkeit für das Unternehmen drückt sich nicht nur in der Bezahlung aus, sondern ebenso in den Entscheidungsspielräumen, Verantwortungsbereichen und Zukunftsperspektiven der jeweiligen Mitarbeiter sowie auch in ihrer Ausstattung mit Arbeitsmitteln. Wird die Verteilung materieller und personeller Ressourcen als ungerecht empfunden, kann dies zu Spannungen führen. Auch Anerkennung und Wertschätzung durch Vorgesetzte werden genau registriert. Scheinen diese nicht gerechtfertigt, entstehen nicht selten Intrigen und Machtkämpfe.

Häufig resultiert ein solcher *Verteilungskonflikt* auch aus dem unterschiedlichen Ansehen, das einzelne Mitarbeiter in einer Abteilung genießen, oder aber dem besonderen Stellenwert, der einer Abteilung innerhalb des Unternehmens zukommt. Sind damit nicht nachvollziehbare Privilegien verbunden, schürt dies die allgemeine Unzufriedenheit und fördert das Konfliktpotenzial.

Schwierige zwischenmenschliche Beziehungen

Die sozialen Beziehungen am Arbeitsplatz werden auch dann schwierig, wenn Wertvorstellungen und Bedürfnisse, Einstellungen und Verhaltensweisen von Mitarbeitern nicht zusammenpassen. Verschiedene Persönlichkeiten und ihre Eigenheiten – etwa schüchtern oder vorlaut zu sein – sind nicht selten Anlass für Auseinandersetzungen.

Beispiel

Ein neuer Mitarbeiter fängt seine Tätigkeit an. Schnell übernimmt er die Rolle eines Gesundheitsapostels. Er lässt keine Gelegenheit aus, auf mögliche Gesundheitsrisiken hinzuweisen. Als überzeugter Vegetarier meidet er die Kantine, als militanter Nichtraucher auch manchen Kollegen. Sein Auftreten hinterlässt Spuren. Viele Mitarbeiter fühlen sich angegriffen und kritisiert. Konflikte entstehen und die Suche nach einer Gegenstrategie beginnt.

Ob sich Mitarbeiter „riechen können" und „die Chemie stimmt", hängt in hohem Maße von ihren Gemeinsamkeiten ab. Wo Eigeninteressen dominieren, sind die Arbeitsbeziehungen in aller Regel stark belastet.

Doch auch Beschäftigte, die eigentlich einer gewissen Rücksichtnahme bedürfen, laufen Gefahr, in den Sog von *Beziehungskonflikten* zu geraten. Betroffen sind vor allem Mitarbeiter in bestimmten Altersgruppen (z.B. Lehrlinge, Mitarbeiter über 50) oder mit gesundheitlichen Einschränkungen (z.B. Behinderte). Auch Alleinerziehende und Ausländer, Beschäftigte mit besonderem politischen Engagement (z.B. Betriebs-/ Personalräte) sowie militante Raucher und Nichtraucher müssen damit rechnen, häufiger in Konflikte verwickelt zu werden. Wo immer bestimmte Mitarbeiter(gruppen) benachteiligt oder besser gestellt werden, kommt es rasch zu Beziehungskonflikten. Die Diskussion um eine angemessene Frauenförderung bietet hierfür zahlreiche Beispiele.

Ereignisse, die das Berufsleben verändern

Veränderungen von Alltagsroutinen können die Entwicklung von Konflikten begünstigen. Arbeitsgewohnheiten oder Verhaltensweisen ändern zu müssen, wird von den meisten Menschen als unangenehm empfunden. Ob sie von Entlassung oder Führungswechsel, Versetzung oder Vorruhestand bedroht oder betroffen sind – sie haben schwer daran zu knabbern und empfinden es als gravierenden Einschnitt in das Arbeitsleben.

Ohne angemessene Möglichkeiten einer Bewältigung können tiefgreifende Veränderungen der Arbeitsbedingungen in eine Lebenskrise münden. Dies trifft besonders dann zu, wenn die erforderlichen Anpassungsleistungen nicht klar definiert sind oder als unattraktiv empfunden werden. Konflikthaftes Verhalten zählt dann zu den oft verzweifelten und nur wenig erfolgreichen Versuchen, mit derartigen Umbruchphasen fertig zu werden.

Beispiel

Die Entscheidung ist gefallen – den Verlagslektor in Frankfurt trifft sie wie ein Donnerschlag: Der Umzug nach Berlin wird auch seinen Arbeitsplatz betreffen. Tagelang ist er damit beschäftigt sich auszumalen, was auf ihn zukommen wird: Wohnungssuche, Umzugsstress, eine „Spagatbeziehung" mit seiner Partnerin, der Verlust seines Freundeskreises, Einsamkeit ... Er hat das Gefühl, sein ganzes Leben wird auf den Kopf gestellt. Angst, Enttäuschung und Wut kommen auf.

Vom Konflikt zum Psychoterror

Werden Konflikte ganz gezielt eingesetzt, um Kollegen zu schaden, spricht man von Mobbing (engl.: „über jemanden herfallen"). Meist greift dann eine Gruppe von mehreren Mitarbeitern einen unliebsamen Arbeitskollegen auf unfaire Weise, aber zielgerichtet an. Wird ein solches Verhalten von Vorgesetzten initiiert oder stillschweigend akzeptiert, spricht man von Bossing. Ist es die Gruppe der Mitarbeiter, die sich gegen ihren Chef verschworen hat, nennt man dies Staffing.

Mobbing und Co. erfolgen in einer Grauzone zwischen erlaubten und verbotenen Handlungen: Das Opfer wird von seinem Umfeld ignoriert, vor anderen bloßgestellt oder verspottet, systematisch von Informationen abgeschnitten oder in seinen Leistungen negiert. Nicht zuletzt werden Gerüchte in Umlauf gebracht, um die Persönlichkeit des Opfers und seine Privatsphäre zu verletzen.

Doch Vorsicht: Eine inflationäre Begriffsverwendung in den Massenmedien hat dazu geführt, dass nahezu jedes soziale Problem am Arbeitsplatz mit Mobbing gleichgesetzt wird. Mobbing bezeichnet jedoch eine genau einzugrenzende Form des arbeitsplatzbezogenen Psychoterrors. Nach der Definition der Gesellschaft gegen psychosozialen Stress und Mobbing e.V. versteht man unter Mobbing am Arbeitsplatz eine konfliktbelastete Situation, bei der ein oder mehrere Mitarbeiter – unabhängig von Alter, Geschlecht, Position oder Tätigkeitsfeld – von einer oder mehreren anderen Personen

- systematisch,
- mindestens einmal in der Woche
- und mindestens während eines zusammenhängenden halben Jahres
- mit dem Ziel und/oder dem Effekt des Ausschlusses aus dem gemeinsamen Tätigkeitsbereich
- direkt oder indirekt schikaniert wird.

Inhaltlich wird Mobbing über ein Spektrum von 45 verschiedenen Handlungen definiert, mit denen das Opfer konfrontiert wird. Die folgende Checkliste – orientiert am Leymann Inventory of Psychological Terror (LIPT) – soll Ihnen dabei helfen, festzustellen, ob Sie an Ihrem Arbeitsplatz von Mobbing betroffen sind.

Ausführliche Hinweise erhalten Sie im TaschenGuide „Mobbing".

Checkliste: Mobbing

Waren Sie in den letzten sechs Monaten von einigen der folgenden Handlungen betroffen?	Ja	Nein
▪ Sie werden schlecht gemacht und in Ihren sozialen Kontakten behindert.	☐	☐
▪ Ihr Vorgesetzter schränkt Ihre Möglichkeiten ein sich mitzuteilen.	☐	☐
▪ Kollegen und/oder Mitarbeiter schränken Ihre Möglichkeiten ein sich mitzuteilen.	☐	☐
▪ Sie werden ständig unterbrochen.	☐	☐
▪ Man schreit Sie an, schimpft laut mit Ihnen.	☐	☐
▪ Ihre Arbeit wird ständig kritisiert.	☐	☐
▪ Ihr Privatleben wird ständig kritisiert.	☐	☐
▪ Sie werden durch anonyme oder belästigende Anrufe (Telefonterror) unter Druck gesetzt.	☐	☐
▪ Sie erfahren abwertende Blicke und/oder Gesten mit negativem Inhalt.	☐	☐
▪ Man macht Andeutungen, ohne dass Sie direkt angesprochen werden.	☐	☐
▪ Sie werden systematisch isoliert.	☐	☐
▪ Man spricht nicht mit Ihnen.	☐	☐
▪ Man will von Ihnen nicht angesprochen werden.	☐	☐

▪ Sie werden an einem Arbeitsplatz eingesetzt, an dem Sie von Kollegen isoliert sind.	☐	☐
▪ Den Kollegen wird verboten mit Ihnen zu sprechen.	☐	☐
▪ Sie werden „wie Luft" behandelt.	☐	☐
▪ Ihre Arbeitsaufgaben werden geändert, um Sie zu bestrafen.	☐	☐
▪ Sie werden ständig zu neuen Arbeitsaufgaben eingeteilt.	☐	☐
▪ Sie erhalten Arbeitsaufgaben, die weit unter Ihrem Können und/oder Ihrer Qualifikation liegen.	☐	☐
▪ Sie erhalten Arbeitsaufgaben, die Sie aufgrund fehlender Erfahrung und/oder Qualifikation weit überfordern.	☐	☐
▪ Sie bekommen sinnlose Arbeitsaufgaben zugewiesen.	☐	☐
▪ Sie werden für gesundheitsgefährdende Arbeitsaufgaben eingesetzt.	☐	☐
▪ Sie bekommen keine Arbeitsaufgabe zugewiesen und sind während Ihrer Arbeit ohne Beschäftigung.	☐	☐
▪ Sie werden in Ihrem Ansehen herabgewürdigt.	☐	☐
▪ Man spricht hinter Ihrem Rücken schlecht über Sie.	☐	☐

▪ Man verbreitet Gerüchte über Sie.	☐	☐
▪ Man macht Sie vor anderen lächerlich.	☐	☐
▪ Man verdächtigt Sie, psychisch krank zu sein.	☐	☐
▪ Man imitiert Ihren Gang und/oder Ihre Stimme und/oder Ihre Gesten, um Sie lächerlich zu machen.	☐	☐
▪ Man greift Ihre Herkunft an und macht sich darüber lustig.	☐	☐
▪ Man beurteilt Ihre Arbeit in falscher und/oder kränkender Weise.	☐	☐
▪ Man stellt Ihre Meinung infrage.	☐	☐
▪ Man belästigt Sie in sexueller Weise und/oder macht sexuelle Anspielungen.	☐	☐
▪ Sie werden bedroht.	☐	☐
▪ Man droht Ihnen mit körperlicher Gewalt.	☐	☐
▪ Jemand verursacht Ihnen Kosten, um Ihnen zu schaden.	☐	☐
▪ Jemand richtet an Ihrem Arbeitsplatz und/oder Zuhause Schaden an.	☐	☐

Sollten Sie von einigen der aufgeführten Handlungen wenigstens einmal in der Woche und über ein halbes Jahr hinweg betroffen sein, dann ist mit großer Wahrscheinlichkeit davon auszugehen, dass Sie es mit Mobbing zu tun haben.

Hat sich dieser Eindruck bestätigt, so nutzen Sie die Möglichkeiten unternehmensinterner und/oder -externer Hilfsangebote. Mit Sicherheit finden Sie professionelle Unterstützung bei einem Arzt, Psychologen oder auch Rechtsanwalt Ihres Vertrauens.

Ein schleichender Prozess

Mobbing kann sich über Monate oder Jahre hinziehen. Es handelt sich nicht um einen einmaligen Konflikt, sondern um einen längerfristigen Prozess. Dieser erfolgt zumeist in fünf Phasen:

1. Der Grund für das Phänomen Mobbing ist in der Regel ein nicht oder nur schlecht bearbeitetes Problem. Ein einfacher Konflikt entwickelt eine eigene Dynamik, wenn er nicht gelöst wird. Es kommt zu ersten, manchmal wechselnden Angriffen zwischen den Betroffenen. Ein Opfer kristallisiert sich heraus.
2. Die Angriffe konzentrieren sich auf eine Person, werden häufiger und intensiver. Psychoterror entsteht. Beim Opfer kommt es zu Kränkungen und damit zur Abnahme des Bewältigungsvermögens. Es wird immer mehr – auch für Dritte erkennbar – in seine Rolle verstrickt. Die Situation des Opfers wird zum „Fall" – und damit betriebsöffentlich.
3. Die Entwicklung eskaliert. Rechtsbrüche und Kränkungen nehmen zu. Beim Opfer entsteht Verzweiflung. Es sucht ärztliche oder psychologische Hilfe. Depressionen und Aggressionen wechseln sich ab. Das Opfer fühlt sich nicht mehr akzeptiert und ausgeschlossen.

4 Der Weg zur Ausgrenzung ist beschritten. Das Opfer wird so auffällig, dass sich der Arbeitgeber mit ihm beschäftigt. Während das Opfer verzweifelte Versuche zur Wiederaufrichtung seines Selbstwertgefühls unternimmt, wird die Meinung über seine Auffälligkeit festgeschrieben. Durch Abschieben, Kaltstellen oder Versetzung wird die Beendigung des Arbeitsverhältnisses vorbereitet.

5 Das Opfer verlässt das Unternehmen. In manchen Fällen erhält es eine Abfindung. Versuche, diese Erfahrungen in der Zeit danach zu bewältigen, bleiben zumeist ohne Erfolg. Nicht selten sind Arbeitslosigkeit und/oder das Auseinanderbrechen langjähriger Partnerschaften die Folge.

Lieber einen Konflikt als Mobbing

Wer einmal eine Mobbing-Erfahrung gemacht hat, erkennt schnell den Unterschied zu einem vergleichsweise fair ausgetragenen Konflikt. Folgende Gegenüberstellung macht dies deutlich:

	Konflikt	Mobbing
Thema	Es gibt einen klar zu benennenden Konfliktherd/Streitpunkt.	Es fällt schwer, einen eindeutigen Konfliktherd/Streitpunkt auszumachen.
Ursachen	Ein konkreter Anlass/Grund lässt sich benennen.	Anlass/Grund bleiben „im Dunkeln", können nur vermutet werden.

	Konflikt	Mobbing
Beteiligte	Die gegnerischen Parteien kennen sich.	„Aktivisten" und „Mitläufer" geben sich meist nicht zu erkennen, bilden eine „stille Allianz".
Spielregeln	Bestehen und werden zumeist eingehalten	Werden ignoriert, ganz nach dem Motto „Alles ist erlaubt!"
Perspektiven	Lässt sich ein Konflikt beilegen, ist ein sachliches Arbeitsverhältnis durchaus möglich.	Mobbing ist erst beendet, wenn die Beteiligten sich nicht mehr begegnen (z.B. die Abteilung verlassen).

Konflikte eröffnen auch Chancen

In der Regel werden Konflikte in ihrer destruktiven Bedeutung gesehen. Doch es ist eine Tatsache, dass Differenzen und Meinungsverschiedenheiten durchaus auch Nutzen bringen. Nicht jeder Konflikt muss schädlich sein. Die folgenden Argumente begründen, warum von Konflikten auch wichtige Impulse und positive Entwicklungen ausgehen können:

- Konflikte weisen auf Probleme hin und helfen Missstände aufzudecken.
- Konflikte führen Klärungsprozesse herbei und brechen festgefahrene Strukturen auf.

- Konflikte schärfen das Problembewusstsein von Beteiligten und Betroffenen.
- Konflikte veranlassen Vorgesetzte, die Kommunikation mit ihren Mitarbeitern zu intensivieren.
- Konflikte motivieren Mitarbeiter, ihre Arbeitsinhalte und Berufsperspektiven zu überdenken.
- Konflikte sorgen für Veränderungen und verhindern Stillstand.

Anhand von Beispielen lässt sich zeigen, dass sogar eine Ermutigung zu Auseinandersetzungen – vorausgesetzt diese sind beizulegen – Nutzen bringen kann:

- Differenzen und Kontroversen können die Kreativität der Mitarbeiter anregen. Dies könnte für das Arbeitsklima nützlicher sein als dauerhaftes Misstrauen und ständige Unzufriedenheit.
- Eine Konfrontation zweier Mitarbeiter kann deutlich machen, warum diese es bislang so schwierig fanden zusammenzuarbeiten. Lassen sich die Spannungen dadurch beseitigen, werden beide in Zukunft wahrscheinlich besser miteinander klarkommen.
- Kontrahenten, die trotz tiefgreifender Meinungsverschiedenheiten gelernt haben, fair miteinander umzugehen, können sich zu Höchstleistungen motivieren. Ohne den Respekt voreinander zu verlieren, könnten sie sich demzufolge im Rahmen des Unternehmens wichtige Karrierechancen erarbeiten.

- Reibereien zwischen einzelnen Mitarbeitern können eine Arbeitsgruppe dazu veranlassen, ihre Form der Zusammenarbeit zu hinterfragen und neu auszurichten. Dies wäre ein lohnenswerter Beitrag zur Verbesserung des Zusammengehörigkeitsgefühls.
- Häufige Differenzen zwischen Mitarbeitern können auf Schnittstellenprobleme hinweisen, die gelöst werden müssen. Gelingt dies, könnten weiterreichende Schwierigkeiten für die Zukunft verhindert werden.

Schärfen Sie Ihr Problembewusstsein

Konflikte fallen nicht vom Himmel. Sie deuten sich an. Wenn Sie die entsprechenden Anzeichen erkennen, können Sie sich auf eine mögliche Auseinandersetzung rechtzeitig einstellen oder sie gar vermeiden. Voraussetzung dafür ist jedoch eine besondere Sensibilität im Hinblick auf Stimmungen und Veränderungen am Arbeitsplatz. Ein geschärftes Problembewusstsein wird Ihnen helfen, das Konfliktpotenzial zu sichten und den Konfliktverlauf in seiner Dynamik einzuschätzen. Dabei sollten Sie auch Ihren persönlichen Anteil am Konfliktgeschehen berücksichtigen.

Ob Sie einen Konflikt erkennen, hängt in erster Linie davon ab, wie Sie zwischenmenschliche Probleme wahrnehmen. Häufig führt bereits die Angst, in eine Auseinandersetzung verwickelt zu werden, zu einer selektiven Wahrnehmung. Sie kann der Grund dafür sein, dass ein bereits schwelender Konflikt gar nicht bemerkt oder nur verzögert wahrgenommen wird.

Beispiel

Eine lautstarke Auseinandersetzung sorgt auf dem Betriebsparkplatz für Aufmerksamkeit. Aus Angst, in ein Handgemenge verwickelt zu werden, nehmen manche Zeugen die Situation nur in Ausschnitten wahr: Während die einen vor Schreck „wie gelähmt" sind, sprechen andere im Nachhinein von einem „überschwänglichen Begrüßungsritual".

Was Schubladendenken bewirkt

Um nicht mühsam und zeitraubend eine Vielzahl von Informationen sammeln und bewerten zu müssen, versuchen viele Menschen, soziale Situationen und Verhaltensweisen möglichst einfach zu interpretieren. Dies gilt auch für Konflikte und deren Ursachen.

Menschen, die etwa zum ersten Mal mit einer fremden Person zu tun haben, neigen leicht zum sogenannten „Schubladendenken": Ein besonderes Merkmal an dieser Person wird wahrgenommen und einer bestimmten Bedeutung oder Erfahrung zugeordnet – was einerseits den Umgang erleichtert, andererseits aber auch zu Fehleinschätzungen führen kann. Wenn Anständigkeit und Ehrlichkeit ins gleiche Schubfach gehören wie eine gepflegte äußere Erscheinung, dann passen Personen mit ungebügelten Hosen nicht in diese Kategorie – und erscheinen dem „Schubladendenker" als suspekt und unehrlich.

Anzeichen, die Sie ernst nehmen müssen

In der Regel beginnt jeder Konflikt mit einem Problem. Nur selten entstehen Auseinandersetzungen grundlos. Allerdings werden Konflikte nicht immer offen und für alle sichtbar ausgetragen. Häufig handelt es sich um verdeckte und von anderen kaum wahrzunehmende Unstimmigkeiten.

Mit etwas Erfahrung und Sensibilität werden Sie dennoch Anzeichen erkennen, die auf eine sich entwickelnde oder aber bereits bestehende Auseinandersetzung hindeuten. Nehmen Sie deshalb die folgenden Hinweise ernst.

Hohe Fehlzeiten und starke Fluktuation

Wer mit ständigen Auseinandersetzungen leben muss, reagiert häufig mit gesundheitlichen Problemen (z.B. Bluthochdruck, Magenschmerzen, Schlafstörungen). Permanenter Ärger und innere Unruhe, ja sogar Verzweiflung schränken das allgemeine Wohlbefinden beträchtlich ein. Machtkämpfe und Reibereien lassen manchem Mitarbeiter die Krankschreibung auch ohne sachgerechte Diagnose als einzigen Ausweg erscheinen. Nur durch die Abwesenheit vom Arbeitsplatz gelingt es ihm, sich aus dem Konfliktfeld zu lösen und Ruhe zu finden. Hohe Fehlzeiten sind deshalb sehr oft Ausdruck konfliktreicher Arbeitsbeziehungen.

Auch häufige Zu- und Abgänge von Mitarbeitern – Fluktuation genannt – spiegeln zumeist ein hohes Maß an Konfliktpotenzial wider. Ein ständiger Wechsel der Kollegen erschwert den Aufbau vertrauensvoller Arbeitsbeziehungen und sorgt für Spannungen. Grundlos werden Mitarbeiter – wenn sie sich wohlfühlen – nicht bereit sein, ihren Arbeitsplatz gegen einen anderen einzutauschen.

Sollten Sie Personalverantwortung haben, so analysieren Sie regelmäßig die Fehlzeitenrate Ihrer Abteilung. Reagieren Sie umgehend auf Veränderungen. Wenn ein Mitarbeiter vergleichsweise häufig fehlt, sollten Sie daran denken, dass auch Konfliktsituationen daran schuld sein könnten. Sprechen Sie mit ihm. Beziehen Sie bei der Suche nach möglichen Gründen auch seine private Lebenssituation mit ein. Wichtig ist dabei jedoch, dass sich der Mitarbeiter nicht unter Druck gesetzt fühlt.

Dienst nach Vorschrift und innere Kündigung

Zeigen Mitarbeiter kein Interesse (mehr) an ihrer Arbeit und lassen das notwendige Engagement vermissen, ist ebenfalls besondere Aufmerksamkeit geboten. Während manche mit „Dienst nach Vorschrift" auf Konfliktsituationen reagieren und pünktlich auf die Minute ihren Arbeitsplatz verlassen, fallen andere durch Disziplinlosigkeit und Streitsucht auf.

Bestimmt Gleichgültigkeit den Arbeitsalltag und sind Pannen an der Tagesordnung, sollten Sie klären, was mit Ihren Kollegen los ist. Finden Sie die Gründe heraus, die für Desinteresse und Unzufriedenheit sorgen. Decken Sie mögliche Konfliktquellen auf. Beziehen Sie gegebenenfalls Vertreter des Betriebs-/Personalrats oder der Personalabteilung mit ein.

Angst vor Veränderungen

Die Art und Weise, wie Führungskräfte und Mitarbeiter aufeinander zugehen und miteinander kommunizieren, wie groß ihre Gemeinsamkeiten sind und ihr Verständnis füreinander, wie sie ihre Probleme lösen und sich auf Veränderungen einstellen – dies alles spiegelt die Kultur eines Unternehmens wider.

Wenn Kollegen dabei eher als Konkurrenten gesehen werden und Vorgesetzte für die Probleme ihrer Mitarbeiter kein Verständnis zeigen, wird die Atmosphäre von Angst und Verunsicherung bestimmt. Dies gilt insbesondere unter dem Druck notwendiger Veränderungen. In einem Umfeld, in dem Abwehrverhalten und Schuldzuweisungen den Arbeitsalltag bestimmen, werden neue Herausforderungen als Bestrafung empfunden, und die Mitarbeiter haben Angst, bei Neuerungen Fehler zu machen oder sich zu blamieren. In einer von gegenseitigem Respekt getragenen Unternehmenskultur dagegen werden sich die Mitarbeiter gerne engagieren.

Kommunikations- und Orientierungslosigkeit

Die Kommunikation zwischen den verschiedenen Arbeitsbereichen und Unternehmensebenen lässt zu wünschen übrig. Sie erfolgt unkoordiniert und unregelmäßig. Vielen Beschäftigten bleiben deshalb wichtige Hintergründe und Zusammenhänge ihrer Tätigkeit verborgen. Gerüchte machen die

Runde und Büroklatsch gewinnt an Bedeutung. Solche Umstände sind Vorboten von Konflikten, die Sie besser schon im Keim ersticken.

Vorgesetzte mit Führungsschwäche

Einige Vorgesetzte vermitteln den Eindruck, dass sie ihrer Führungsaufgabe nicht gewachsen und mit ihrer Verantwortung überfordert sind. Ihr Büro verlassen sie nur in Ausnahmefällen – sie scheuen den Kontakt zu ihren Mitarbeitern. Probleme werden bagatellisiert und eher ausgesessen als angegangen. Notwendige Entscheidungen treffen sie spontan und oft zu spät. Auf Anregungen und Kritik ihrer Mitarbeiter reagieren sie gereizt.

Cliquenbildung und Machtspiele

Notwendige Informationen werden nicht allen Beschäftigten zugänglich gemacht, sondern zirkulieren nur zwischen Kollegen, die Vertrauen zueinander haben. So gewinnen einzelne Mitarbeiter den Eindruck ausgeschlossen zu sein. Es wird eher gegeneinander gearbeitet als miteinander. Versuche, sich auf Kosten der Kollegen zu profilieren, nehmen zu. Um voranzukommen werden die Ellenbogen eingesetzt. Intrigen und Machtkämpfe sind an der Tagesordnung. Der Zusammenhalt zwischen den Mitarbeitern zerfällt – es bilden sich Cliquen und Seilschaften.

Sichten Sie das Konfliktpotenzial

Um entsprechende Warnzeichen richtig interpretieren zu können, benötigen Sie zusätzliche Informationen. Sammeln Sie deshalb alle für den Konflikt relevanten Hinweise, insbesondere zu Ursachen und Hintergründen, den Rahmenbedingungen sowie über die Beteiligten und ihre Interessen.

Eine solche Sichtung des Konfliktpotenzials ist mühsam. Sie verhindert aber, dass Sie sich alleine von Emotionen leiten lassen. Eine gute Vorbereitung und entsprechende Analyse trägt dazu bei, Fehleinschätzungen und Schubladendenken zu vermeiden. So weichen Sie möglichen Fallstricken und Stolpersteinen aus und verschaffen sich für die weitere Auseinandersetzung eine bestmögliche Ausgangsposition.

Das Konflikt-Tagebuch

Mit der Zeit wird es immer schwieriger sich an zurückliegende Streitpunkte zu erinnern. Aufzeichnungen können helfen, diese in Erinnerung zu rufen. Anlässe und Themen, aber auch die Einstellungen und Verhaltensweisen der Beteiligten lassen sich so besser analysieren und in ihrer Systematik erkennen. Legen Sie sich deshalb ein Konflikt-Tagebuch an.

Ein solches Tagebuch sollte Datum und Ort, den Problemhintergrund, die Beteiligten und den konkreten Anlass sowie die Auswirkungen des Konflikts dokumentieren.

Das Konflikt-Tagebuch

Datum:

Ort:

- Worum ging es?
- Weshalb wurde die Sache konfliktträchtig?
- Wer hat sich wie verhalten?
- Wer hat was gesagt?
- Welche Rahmenbedingungen und sonstige Umstände waren von Bedeutung?
- Woran wurde der Konflikt deutlich?
- Welche Gefühle wurden bei mir ausgelöst?
- Wie habe ich reagiert?
- Wer hat mich unterstützt?
- Welche Zeugen gab es?
- Ist mit möglichen Folgen des Konflikte zu rechnen?

Konfliktbedingungen unterscheiden sich

Ist die Situation, in der Sie sich derzeit befinden, nur schwer zu durchschauen, so versuchen Sie zunächst die Konfliktbedingungen zu klären. Fragen Sie sich hierzu: Welche Einflüsse und Konstellationen können am Arbeitsplatz für die Entstehung und mögliche Eskalation von Konflikten von Bedeutung sein? Dabei gilt es zunächst die eigene Rolle zu erforschen. Ihre Eigenheiten und Einstellungen, Verhaltensweisen und Ziele bestimmen nämlich nicht nur Ihre persönliche Konfliktbereitschaft, sondern auch das Verhältnis zu Kollegen, Mitarbeitern und zu Ihren Vorgesetzten.

Der zwischenmenschliche Kontakt in Arbeitsgruppen und Dienstbesprechungen, am Kopierer oder in der Mittagspause dient sowohl dem Austausch sachlicher Informationen („Ich brauche da noch Ihre Unterschrift.") und emotionaler Botschaften („Ihre Ruhe möchte ich haben.") als auch einem ständigen Aushandlungsprozess. Im Rahmen solch alltäglicher Positionskämpfe werden Anerkennung und Ansehen, Macht und Einfluss, Vertrauen und Zuversicht erworben oder auch verspielt.

Von Bedeutung sind dabei nicht nur Nähe und Distanz der Konfliktparteien, sondern auch die vom Unternehmen vorgegebenen Rahmenbedingungen. Neben Werten, Zielen, Normen und Regeln, die in Ihrem Unternehmen gelten, sind ebenso die Mittel und Ressourcen, die Sie zur Verfügung haben, wichtige Rahmenbedingungen. Auch Organisationsaufbau und -strukturen und natürlich Ihre eigentlichen Arbeitsaufgaben und -abläufe beeinflussen die persönlichen Konfliktbedingungen.

Das Konfliktgeschehen ist also von zahlreichen Faktoren abhängig: Zu unterschiedlichen Anteilen wird es sowohl von persönlichen Bedingungen (z. B. Einstellungen und Motive, Beziehungsprobleme und Verhaltensweisen) als auch von strukturellen Bedingungen (z. B. Arbeitsinhalte und -abläufe, Kommunikations- und Mitbestimmungsmöglichkeiten sowie Führungsverständnis und Unternehmenskultur) bestimmt.

Der Eigenanteil am Konflikt

Natürlich sind an Auseinandersetzungen in der Regel mehrere Personen beteiligt. Dies darf jedoch nicht darüber hinwegtäuschen, dass auch Sie die Entstehung und den Verlauf eines Konflikts beeinflussen können. Fangen Sie deshalb zunächst bei sich an: Klären Sie, welchen Anteil Sie am Konfliktgeschehen haben. Nehmen Sie eine ehrliche Selbsteinschätzung vor. Anders ausgedrückt: Bevor Sie Ihre Kollegen oder bestimmte Umstände verantwortlich machen, sollten Sie abklären, ob nicht Sie selbst der Auslöser des Konflikts sind.

Beispiel

Ein Mitarbeiter will etwas schreiben. Ihm fehlt jedoch ein Kugelschreiber. Sein Kollege hat einen. Also beschließt er, sich diesen auszuborgen. Doch da kommen ihm Zweifel; er denkt: „Was passiert, wenn der Kollege nicht bereit ist, den Stift zu verleihen? Gestern schon verhielt er sich distanziert und grüßte nur flüchtig. Vielleicht war er in Eile. Doch vielleicht war die Hektik nur vorgeschoben und er hat was gegen mich. Aber was? Ich habe ihm doch nichts getan; der bildet sich da bestimmt etwas ein. Wenn sich jemand von mir einen Kugelschreiber borgen wollte, ich gäbe ihn sofort. Und warum er nicht? Wie kann er mir einen so einfachen Wunsch abschlagen? Leute wie dieser Kerl vergiften das Arbeitsklima. Und dann bildet er sich noch ein, ich sei auf ihn angewiesen. Bloß weil ich gerade etwas zum Schreiben brauche. Jetzt reicht's mir wirklich." Und so stürmt der Mitarbeiter an den Schreibtisch seines Gegenübers. Noch bevor sein Kollege etwas sagen kann, faucht er ihn an: „Bleiben Sie nur sitzen. Ich besorge mir schon woanders einen Kugelschreiber – ohne Ihre Hilfe komme ich gut zurecht, Sie Egoist."

Dieses Beispiel illustriert, wie schnell eine Kette von Annahmen, Einbildungen und Unterstellungen einen ahnungslosen Kollegen in eine Konfliktsituation bringen kann. Indem die Verantwortung für das eigene Handeln einer anderen Person übertragen wird, gelingt es, sich gegenüber Eigenkritik und Selbstzweifeln erfolgreich zu immunisieren.

Damit Sie realistisch bleiben, sollten Sie stets auch Ihr eigenes Verhalten im Hinblick auf die Entstehung von Konflikten hinterfragen. Auf diese Weise können Sie abklären, inwieweit manches Ihrer Probleme selbst verursacht ist. Die folgende Checkliste – bezogen auf den Bereich der Aufgabenerledigung – wird Ihnen dabei helfen.

Checkliste: Welchen Eigenanteil habe ich an der Entstehung von Konflikten?

Verhaltensweise	Einschätzung
Kenne ich die Hauptaufgaben meiner Tätigkeit und weiß ich, was von mir an meinem Arbeitsplatz erwartet wird?	
Sind meine Aufgabenziele mit meinem Vorgesetzten abgestimmt?	
Welche in meinem Arbeitsgebiet routinemäßig wiederkehrenden Aufgaben muss ich erledigen?	
Habe ich jederzeit einen Überblick über die zur Bearbeitung anstehenden Aufgaben?	

Kann ich zwischen Dringlichkeit und Wichtigkeit meiner Aufgaben unterscheiden?

Setze ich Prioritäten?

Erledige ich meine Aufgaben rechtzeitig?

Gerate ich dabei öfter unter Druck?

Muss ich von Vorgesetzten oder Kollegen an die Erledigung meiner Aufgaben erinnert werden?

Schiebe ich Aufgaben vor mir her?

Erledige ich meine Aufgaben vollständig?

Erhalte ich oft Rückfragen oder Beschwerden?

Erhalte ich Klagen darüber, dass ich Vorgesetzte, Mitarbeiter oder Kollegen nicht ausreichend informiere?

Verstehe ich mich mit meinem Vorgesetzten?

Verstehe ich mich mit meinen Mitarbeitern?

Verstehe ich mich mit meinen Kollegen?

Machen Sie sich nichts vor – die Beantwortung dieses Fragenkatalogs spiegelt nur Ihre Selbsteinschätzung wider. Ebenso wichtig wäre es aber zu wissen, wie Sie von anderen Menschen gesehen werden. Bemühen Sie sich deshalb darum, Rückmeldungen zu Ihrem Auftreten und Verhalten zu bekommen. Eine solche Fremdeinschätzung durch Freunde oder auch vertraute Kollegen bestätigt oder korrigiert Ihre persönliche Sicht der Dinge.

Sind Sie sich nun über Ihren persönlichen Beitrag an der Konfliktsituation im Klaren, sollten Sie Ihr Augenmerk auf das breite Spektrum weiterer Konfliktbedingungen richten.

Die strukturellen Konfliktbedingungen

Die meisten der auf einer sachlichen Ebene liegenden und relativ leicht nachvollziehbaren Einflüsse und Ursachen zählen zu den strukturellen Konfliktbedingungen. Dazu gehören neben den Zielen und Aufgaben des Unternehmens, seinem Aufbau und seinen Strukturen, den Tätigkeitsbereichen und -abläufen, Normen und Werten auch die zur Verfügung stehenden Mittel und Ressourcen.

Beispielhaft illustriert: Mitarbeiter können nicht in jeder Firma auf flexible Arbeitszeiten hoffen und müssen vielerorts auch auf die Möglichkeit einer regelmäßigen Fort- und Weiterbildung verzichten. Bei anderen Arbeitgebern sorgt wiederum eine entsprechende Infrastruktur – vom Betriebskindergarten bis zum Betriebssport – für das Wohl der Beschäftigten. Während sich in einigen Unternehmen Psychologen und Sozialarbeiter um die Lösung von Problemen kümmern, suchen Mitarbeiter andernorts entsprechende Hilfsangebote vergebens. Kurz: Jedes Unternehmen bietet Bedingungen, die Konflikte entweder fördern oder aber verhindern.

Finden Sie heraus, inwieweit sich derartige Einflüsse auf das Konfliktpotenzial an Ihrem Arbeitsplatz auswirken. Die folgende Checkliste wird Ihnen dabei helfen.

Checkliste: Strukturelle Konfliktbedingungen

Sind die folgenden Bedingungen für das Konfliktgeschehen an Ihrem Arbeitsplatz von Bedeutung?

1. **Werte und Ziele**
   Dieser Bereich umfasst u.a. die Ethik des Unternehmens, seine Visionen und Zukunftsvorstellungen, strategischen Ziele und Planungen sowie Führungsgrundsätze und -richtlinien.

	Ja	Nein
Sind die Werte und Ziele des Unternehmens für alle Mitarbeiter verständlich?	☐	☐
Sind die Werte und Ziele des Unternehmens widerspruchsfrei?	☐	☐
Werden die Werte und Ziele des Unternehmens allgemein akzeptiert?	☐	☐
Werden die Werte und Ziele des Unternehmens im Alltag gelebt?	☐	☐

2. **Organisationsaufbau und Organisationsstrukturen**
   Hierunter fallen u.a. Größe und Umfang des Unternehmens, Anzahl der Hierarchieebenen, Zusammensetzung der Mitarbeiterschaft sowie Aufstiegs- und Entwicklungsmöglichkeiten.

		Ja	Nein
	Ist eine unmittelbare Kontaktaufnahme zwischen den Kollegen, aber auch zu den Vorgesetzten möglich?	☐	☐
	Werden Macht- und Statusunterschiede erkennbar?	☐	☐
	Sind Art und Niveau der fachlichen Qualifikationen vergleichbar?	☐	☐
	Sind Kompetenzen und Verantwortungsbereiche voneinander abgegrenzt?	☐	☐
	Welche Aufstiegs- und Entwicklungsmöglichkeiten gibt es?		
3.	**Normen und Regeln** Damit sind u.a. Richtlinien zur Einstellung, Beurteilung und Förderung der Mitarbeiter, Arbeitsanweisungen und Kontrollsysteme, Dienstwege sowie Entscheidungsprozesse gemeint.		
	Sind die Normen und Regeln des Unternehmens allen Mitarbeitern bekannt?	Ja ☐	Nein ☐
	Werden die Normen und Regeln des Unternehmens situationsbezogen gehandhabt?	☐	☐
	Welche Folgen haben Abweichungen?		
4.	**Mittel und Ressourcen** Dieser Bereich umfasst u.a. Personal, Räume und deren Ausstattung sowie das zur Verfügung stehende Budget.		

		Ja	Nein
	Stehen für die Arbeits- und Aufgabenerfüllung ausreichend Mittel und Ressourcen zur Verfügung?	☐	☐
	Sind die zur Verfügung stehenden Mittel und Ressourcen notfalls ersetz- oder ergänzbar?	☐	☐
	Sind die zur Verfügung stehenden Mittel und Ressourcen an die Erreichung von Arbeitszielen gekoppelt?	☐	☐
5.	**Aufgaben und Arbeitsabläufe** Zu diesem Bereich gehören u.a. Anforderungen und Anreize, Belastungen, Entscheidungsspielräume sowie Kompetenzen der Mitarbeiter.		
	Sind die Aufgaben und Arbeitsabläufe abwechslungsreich und interessant?	Ja ☐	Nein ☐
	Sind die Aufgabenstellungen klar und eindeutig?	☐	☐
	Sind die Aufgaben und Arbeitsabläufe anspruchsvoll und herausfordernd?	☐	☐
	Welche Unterstützung erfahren die Mitarbeiter?		
	Welche Entscheidungsspielräume können die Mitarbeiter nutzen?		
	Erfordern die Aufgaben und Arbeitsabläufe eine regelmäßige Fort- und Weiterbildung?	Ja ☐	Nein ☐

Die persönlichen Konfliktbedingungen

Konflikte entwickeln sich nie alleine aufgrund schwieriger Arbeitsbedingungen oder einer bestimmten Unternehmenssituation – immer steuern Menschen etwas dazu bei. Deshalb spielen auch persönliche Bedingungen für das Konfliktgeschehen eine wichtige Rolle. Von Gefühlen und individuellen Interessen geleitete Handlungen sind für andere Menschen besonders schwer nachzuvollziehen. Persönliche Eigenheiten, Einstellungen und Verhaltensweisen gehören ebenso dazu wie das Beziehungsverhältnis zwischen den Konfliktparteien.

Anders ausgedrückt: Menschen verhalten sich nicht immer wie erwartet oder erwünscht. Sie reagieren empfindsam, wenn sie sich ungerecht behandelt oder unwohl fühlen. Sie können aggressiv werden oder sich zurückziehen. Sie können einfühlsam und hilfsbereit sein, aber auch andere übergehen und sich besser darstellen, als sie sind. Sie können sich unterordnen und zurücknehmen oder ihre Mitmenschen dominieren und für ihre Interessen einspannen. Kurz: Sie sind alles andere als perfekt.

Die folgende Checkliste wird Ihnen helfen, diese persönlichen Konfliktbedingungen einzuschätzen.

Checkliste: Persönliche Konfliktbedingungen

Sind die folgenden Bedingungen für das Konfliktgeschehen an Ihrem Arbeitsplatz von Bedeutung?			
1.	**Persönliche Merkmale** Dieser Bereich umfasst u. a. Flexibilität, Humor, Kommunikationsfreudigkeit und komplexes Denken der Kollegen und Mitarbeiter.		
	Sind bei den Kollegen/Mitarbeitern Merkmale vorhanden, die die Neigung zu Konflikten fördern? Welche könnten dies sein?	Ja ☐	Nein ☐
	Sind die Kollegen/Mitarbeiter für Konflikte genügend belastbar?	☐	☐
2.	**Einstellungen und Motive** Dieser Bereich umfasst u. a. Motivation und Konkurrenzdenken, die Identifikation der Kollegen und Mitarbeiter mit ihrer Arbeit sowie deren Loyalität zum Unternehmen.		
	Fühlen sich die Kollegen/Mitarbeiter den eigenen Werthaltungen verpflichtet?	Ja ☐	Nein ☐
	Stehen die Einstellungen einzelner Kollegen/Mitarbeiter im Widerspruch zu den Erwartungen des Unternehmens?	☐	☐
3.	**Wahrnehmungen und Kenntnisse** Dieser Bereich bezieht sich u. a. auf die Wahrnehmung sozialer Prozesse, das Gespür von Kollegen und Mitarbeitern für die Details der Situation sowie die konkreten Auswirkungen des eigenen Verhaltens.		

		Ja	Nein
	Werden mögliche Konfliktfelder von den Kollegen/Mitarbeitern klar erkannt und differenziert wahrgenommen?	☐	☐
	Kennen die Kollegen/Mitarbeiter die an sie, aber auch die aneinander gerichteten Erwartungen?	☐	☐
	Wie schätzen die Kollegen/Mitarbeiter ihre eigene Situation im Hinblick auf den sich abzeichnenden/ bereits bestehenden Konflikt ein?		
	Kennen die Kollegen/Mitarbeiter den eigenen Anteil am sich abzeichnenden/bereits bestehenden Konflikt?	☐	☐
4.	**Verhaltensweisen** Dieser Bereich bezieht sich u.a. auf das Arbeits- und Führungsverhalten, die Flexibilität des Verhaltensrepertoires sowie die verbale und nonverbale Ausdrucksfähigkeit der Kollegen und Mitarbeiter.		
		Ja	Nein
	Ist das Verhalten der Kollegen/Mitarbeiter dem Problem/der Situation angemessen?	☐	☐
	Überwiegen rationale oder emotionale Anteile?		
	Respektieren die Kollegen/Mitarbeiter ihre gegenseitige Verletzbarkeit?	☐	☐
5.	**Beziehungen** Dieser Bereich umfasst u.a. Kollegialität, Offenheit und Vertrauen sowie die gegenseitigen Abhängigkeiten der Kollegen und Mitarbeiter.		

	Ja	Nein
Sind die Beziehungen der Kollegen/Mitarbeiter frei von Hierarchie- und Statusunterschieden?	☐	☐
Welche Geschichte hat sich zwischen den einzelnen Kollegen/Mitarbeitern entwickelt?		
Stehen die Kollegen/Mitarbeiter in einem direkten Kontakt zueinander?	☐	☐
Können sich die Kollegen/Mitarbeiter gegenseitig schaden?	☐	☐

Beurteilen Sie den Konfliktverlauf

Konflikte bauen sich oft über Wochen oder Monate ganz langsam auf. Doch dann gewinnen sie schnell an Brisanz. Meist bedarf es nur noch eines geringen Anlasses, um das Fass zum Überlaufen zu bringen. Eine unbedachte Äußerung, ein falscher Blick, ein kleines Missverständnis kann so zum Ausgangspunkt für eine vergiftete Atmosphäre oder eine persönliche Feindschaft werden.

Versuchen Sie sich deshalb einen Eindruck zu verschaffen, der über eine bloße Momentaufnahme hinausreicht. Beobachten Sie das Problemfeld und stellen Sie fest, ob es sich mit der Zeit verändert. Nur so erhalten Sie eine Einschätzung, die letztlich Ihren Bezug zum Konfliktgeschehen bestimmt.

Jeder Konflikt kann eskalieren

Auseinandersetzungen entwickeln oft eine verhängnisvolle Eigendynamik. Ein mehrstufiges Modell der Konflikteskalation beschreibt diese – allerdings auch umkehrbare – Entwicklung. Fünf Phasen sollen danach unterschieden werden.

Die fünf Phasen der Konflikteskalation	
1.	In dieser Phase finden engagierte Debatten und Diskussionen statt. Unterschiedliche Standpunkte kristallisieren sich heraus. Gespräche zwischen den Beteiligten erweisen sich als schwierig.
2.	In dieser Phase wird die Gegensätzlichkeit der Positionen deutlich. Nicht Gemeinsamkeiten, sondern Unterschiede werden betont. Das Bewusstsein über die Differenzen erzeugt negative Emotionen wie Ärger oder Enttäuschung. Noch besteht die Überzeugung, die aufkommenden Spannungen in den Griff zu bekommen.
3.	In dieser Phase kommt es zu einer Verhärtung der Positionen. Die Atmosphäre wird gereizter, es häufen sich verbale Entgleisungen. Die Standpunkte werden unversöhnlicher. Die Suche nach Verbündeten wird intensiviert. Forderungen und Ultimaten werden gestellt.
4.	In dieser Phase schwindet der Glaube an eine einvernehmliche Lösung des entstandenen Konflikts. Misstrauen macht sich breit. Vollendete Tatsachen tragen zum Aufbau von Drohpotenzial bei. Sanktionen werden angekündigt; und damit wird eine Eskalation der Auseinandersetzung herbeigeführt.

Die fünf Phasen der Konflikteskalation	
5.	In dieser Phase gibt es kein Zurück mehr – der Konflikt hat sich zu einem Kampf entwickelt. Rücksichtslosigkeit bestimmt das Konfliktgeschehen. Das aufgebaute Drohpotenzial kommt zur Anwendung.

Die Beantwortung der folgenden Fragen wird Ihnen dabei helfen, den Konfliktverlauf – auch hinsichtlich seiner zukünftigen Entwicklung – besser einzuschätzen.

Checkliste: Wie ist der Konflikt verlaufen?

Welche Vorgeschichte hat der Konflikt?

- Sind kritische Wendepunkte im Konfliktverlauf zu erkennen?
- Ist der Konflikt eskaliert, hat er sich abgeschwächt oder in anderer Weise verändert?
- In welchen Situationen erhitzt sich der Konflikt, in welchen kühlt er sich ab?
- Was ist geeignet den Konflikt voranzutreiben oder abzuschwächen?
- Gibt es Situationen, in denen eine Distanzierung vom Konfliktgeschehen möglich ist?
- Welche Möglichkeiten werden von wem und in welchen Situationen zur Konfliktlösung vorgeschlagen?
- Wie wird versucht, die Möglichkeiten zur Konfliktlösung umzusetzen?

Auf einen Blick: Konflikte erkennen und einschätzen

- Konflikte kommen nicht überraschend, sie kündigen sich mit typischen Vorboten an. Wer sensibel auf diese ersten Anzeichen reagiert und früh gegensteuert, vermeidet, dass Konflikte eskalieren.
- Indizien für sich ankündigende und bereits bestehende Konflikte sind z.B. hohe Fehlzeiten, fehlende Motivation, eine Cliquenbildung und Machtspiele.
- Oft ist ein Konflikt nur schwer greifbar. Häufig werden Probleme vom Alltagsgeschehen überschüttet. Um Konfliktpotenzial richtig zu erkennen, hilft es, z.B. ein Konflikttagebuch zu führen.
- Denn niemand ist ohne Schuld ... Zur Entstehung von Konflikten tragen meist beide Seiten bei. Es gilt daher auch herauszufinden, wie das eigene Verhalten die Konfliktsituation beeinflusst.
- Konflikte bahnen sich meist langsam an, um ab einem gewissen Punkt explosionsartig zu eskalieren. Es ist daher wichtig zu wissen, in welchem Stadium sich der Konflikt befindet.

Mit Konflikten umgehen

Aus dem Teufelskreis negativer Emotionen herauszukommen ist nicht einfach. Doch wer sich Konflikten stellt und sie strategisch angeht, kann den Sprung in die Erfolgsspirale schaffen.

In diesem Kapitel erfahren Sie,

- wie Sie eine Strategie zur Konfliktlösung entwickeln und
- welche Fähigkeiten und Kompetenzen Sie benötigen, um sich in Konfliktsituationen behaupten zu können.

Ihre Interessenlage zählt

Egal welchen Konflikt Sie ausfechten – fast immer haben Sie es mit einem Geflecht unterschiedlicher Interessen und Personen zu tun. Gegenseitige Abhängigkeiten machen Auseinandersetzungen am Arbeitsplatz besonders schwer durchschaubar.

Entsprechende Zusammenhänge mal eben einschätzen und beeinflussen zu wollen, zeugt von fehlender Erfahrung im Umgang mit zwischenmenschlichen Problemen. Konflikte, die nicht nur Ihre Arbeitszufriedenheit, sondern möglicherweise auch Ihre berufliche Zukunft betreffen, sollten Sie nicht auf die leichte Schulter nehmen. Überlegen Sie deshalb genau, was zu tun ist!

Nicht jedes Problem ist eine Auseinandersetzung wert. Nehmen Sie sich Zeit für eine Abklärung Ihrer persönlichen Interessenlage. Finden Sie heraus, wie wichtig Ihnen der Konflikt und das zugrunde liegende Problem wirklich sind. Versuchen Sie die zukünftige Entwicklung der Auseinandersetzung zu prognostizieren und die Auswirkungen einer möglichen Eskalation abzuschätzen. Stellen Sie sich vor, welche Konsequenzen – ob beabsichtigt oder nicht – ein solcher Konflikt für Sie haben könnte. Berücksichtigen Sie dabei neben Ihrer beruflichen Existenz auch Ihre private Lebenssituation.

Beispiel

Ein Schichtleiter beabsichtigt, durch einen neuen Führungsstil für ein leistungsförderndes Arbeitsklima zu sorgen. Seine Innovationsfreudigkeit ruft bei den Beschäftigten jedoch eine Abwehrhaltung hervor. Immer wieder gerät er mit seinen Mitarbeitern aneinander. Durch ständige Blockaden versuchen diese den dynamischen Vorgesetzten auszubremsen.

Schon bald kommt es zu den beabsichtigten Folgen: Der Schichtleiter verliert die Lust an den zeitraubenden Auseinandersetzungen und verzichtet auf weitere Veränderungen. Nach wenigen Wochen treten jedoch unbeabsichtigte Folgen ein: Der Schichtleiter zieht sich resigniert zurück und lässt sich versetzen. Als kurze Zeit später ein unbeliebter Vorarbeiter sein Nachfolger wird, wünschen sich die meisten Mitarbeiter ihren alten Schichtleiter zurück.

Wie wichtig Ihnen eine bestimmte Auseinandersetzung wirklich ist, sollten Sie nicht an Ihrer augenblicklichen Betroffenheit, sondern an Ihrer zukünftigen Interessenlage festmachen. Klären Sie, welchen Einfluss die entsprechende Konfliktsituation auf die folgenden Aspekte Ihres Lebens hat:

- Ihre Gesundheit, also Ihr körperliches und emotionales Wohlbefinden
- Ihre Arbeitszufriedenheit, also Ihr tätigkeitsbezogenes Interesse und Engagement, Ihre Vorgesetzten und den Kreis Ihrer Kollegen, das Betriebsklima sowie das Ansehen Ihres Unternehmens
- Ihre Berufsperspektiven, also Ihre berufsbezogenen Karrieremöglichkeiten und Zukunftspläne
- Ihre Partnerschaft, also Ihre Einbindung in die Familie oder eine enge und verlässliche Beziehung

- Ihre sozialen Kontakte, also Ihren Freundes- und Bekanntenkreis
- Ihre Finanzsituation, also Ihre Einkommens- und Vermögensverhältnisse
- Ihre ganz persönliche Vision von einem zukünftigen Leben, also wie und unter welchen Bedingungen Sie Ihre Zukunft gestalten möchten

Entwickeln Sie eine Strategie

Sie können sich einem Konflikt nicht mehr entziehen oder haben sich ganz bewusst entschieden, eine Auseinandersetzung einzugehen. Was Sie nun brauchen ist eine Handlungsanleitung.

Entwickeln Sie für diesen Zweck eine Strategie, wie Sie mit dem bestehenden Interessen- oder Meinungsunterschied umgehen wollen. Eine systematische Vorgehensweise wird Ihnen helfen, auf die entscheidenden Dimensionen der Auseinandersetzung Einfluss zu nehmen. Sie verschaffen sich damit zugleich die besten Voraussetzungen, um das Konfliktgeschehen aktiv steuern zu können.

Wie Sie sich dem Konflikt stellen können

In welchen Schritten sollten Sie Ihre Strategie nun umsetzen? Nehmen wir an, Sie haben eine besondere Sensibilität für mögliche Konfliktquellen entwickelt und die Anzeichen für Spannungen frühzeitig erkannt. Sie haben Ihren Anteil an der

Problematik hinterfragt und das Konfliktpotenzial gesichtet. Sie wissen, in welcher Phase des Konfliktverlaufs Sie sich befinden. Nun geht es darum, sich für eine Konfrontation zu rüsten.

Die ersten drei Schritte betreffen dabei die Fähigkeiten und Kompetenzen, die Sie brauchen, um sich in Konfliktsituationen behaupten zu können. In den weiteren Etappen sollten Sie dann versuchen, auf den Konfliktverlauf Einfluss zu nehmen.

Strategie zur Lösung von Konflikten	
1.	**Gewinnen Sie Selbstsicherheit.** Damit Sie auch in unübersichtlichen Situationen einen klaren Kopf bewahren, brauchen Sie Vertrauen in die eigene Person, in die Richtigkeit Ihrer Entscheidungen und in Ihr Handeln. Erst auf der Grundlage eines positiven Selbstwertgefühls sollten Sie sich eine aktive Einflussnahme auf das Konfliktgeschehen zutrauen. Tun Sie alles, damit Sie nicht in einen Teufelskreis negativer Emotionen geraten. Knüpfen Sie stattdessen an Ihre positiven Erfahrungen an und werden Sie sich dieser bewusst.
2.	**Verbessern Sie Ihre sozialen Kompetenzen.** Sie werden feststellen, dass Sie zu diesem Zweck Ihre Einstellung und Ihr Verhalten neu ausrichten müssen. Dies erfordert die Bereitschaft, über sich und andere, Persönliches und Sachliches, gestern, heute und morgen nachzudenken und zu sprechen. Weit mehr als fachliches Wissen sind kommunikative Fähigkeiten und

Strategie zur Lösung von Konflikten	
	soziale Kompetenzen für die Regelung eines Konflikts von Bedeutung. Verbessern Sie deshalb Ihre Möglichkeiten, sich zu artikulieren und selbst zu organisieren sowie mit Belastungssituationen umzugehen.
3.	**Suchen Sie sich Verbündete.** „Allein machen sie dich ein." Diese Erfahrung gilt auch für den Umgang mit Konflikten. Bauen Sie sich darum ein Netzwerk von Unterstützungsmöglichkeiten auf. Nehmen Sie die bestehenden Angebote professioneller Hilfe in Anspruch. Sie werden sehen, dass es eine Reihe von Fachleuten gibt, die Sie ernst nehmen und die Ihnen mit Rat und Tat zur Seite stehen. Solidarität und Unterstützung erfahren Sie aber auch durch Menschen, die bereits Ähnliches erlebt haben. Beziehen Sie deshalb die Teilnahme an einer Selbsthilfegruppe in Ihre Überlegungen mit ein. Nicht zuletzt sollten Sie auch an die Pflege Ihrer privaten Beziehungen denken. Bei allem Ärger und Stress – vernachlässigen Sie weder Ihre Partnerschaft noch Freunde oder Bekannte. Im Gegenteil, beratschlagen Sie mit ihnen Ihre weitere Vorgehensweise.
4.	**Entwickeln Sie Handlungsperspektiven.** Aus eigener Erfahrung, aber auch aus Gesprächen mit Freunden und Kollegen werden Sie wissen, wie unterschiedlich Menschen auf Probleme und Schwierigkeiten reagieren. Konflikte am Arbeitsplatz machen dabei

Strategie zur Lösung von Konflikten	
	keine Ausnahme. Wichtig ist, dass Sie deshalb verschiedene Handlungsperspektiven entwickeln und gegeneinander abwägen. Setzen Sie Prioritäten und suchen Sie den zur Beilegung Ihres Konflikts aussichtsreichsten Weg.
5.	**Bauen Sie eine Beziehung mit dem Konfliktgegner auf.** Schaffen Sie Möglichkeiten, um mit Ihrem Konfliktgegner in Kontakt zu kommen. Bauen Sie eine Beziehung auf, die ein Gespräch möglich macht. Nur so erhalten Sie die Gelegenheit, Ihre Pläne und Überlegungen in praktisches Handeln umzusetzen. Trennen Sie dabei jedoch emotionale Beziehungs- von nüchternen Sachproblemen. Eine solche Unterscheidung macht es Ihnen leichter, sich auf den Kern der Auseinandersetzung zu konzentrieren.
6.	**Stellen Sie sich auf Ihr Gegenüber ein.** Der Aufbau einer Beziehung kann nur dann gelingen, wenn Sie sich auf Ihr Gegenüber einstellen. Da jeder Mensch anders reagiert, sollten Sie in der Lage sein, auf verschiedene Denkmuster und Einstellungen, Mentalitäten und Verhaltensweisen einzugehen.
7.	**Reden Sie miteinander.** Um einer Lösung des Konflikts näher zu kommen, müssen Sie miteinander reden. Beachten Sie dabei unbedingt die Grundregeln erfolgreicher Kommunikation. Sorgen Sie für eine angenehme Gesprächs-

Strategie zur Lösung von Konflikten

atmosphäre und helfen Sie mit, mögliche Kommunikationsbarrieren abzubauen.

Gelingt es Ihnen, das Gespräch aktiv zu steuern, so besitzen Sie eine ideale Ausgangsposition, um Ihre Interessen durchzusetzen.

8. **Seien Sie kompromissbereit.**
Versuchen Sie nicht, Ihren Konfliktgegner zu dominieren, auch nicht, ihn zum Verlierer zu machen. Entsteht bei Ihrem Gegenüber das Gefühl, an die Wand gedrückt zu werden, so wird die Auseinandersetzung eher an Härte zunehmen.

Stellen Sie vielmehr das Problem in den Mittelpunkt der Aufmerksamkeit und versuchen Sie, Ihren Konfliktgegner von einer gemeinsamen Lösung zu überzeugen. Anders ausgedrückt: Wollen Sie die Lösung des Konflikts vorantreiben, so kommen Sie Ihrem Konfliktgegner – auch wenn es Ihnen nicht immer leicht fällt – soweit wie möglich entgegen.

9. **Treffen Sie eine Entscheidung.**
Wenn Sie zu einer realistischen Konfliktlösung kommen wollen, müssen Sie verschiedene Handlungsalternativen („Plan B" etc.) ausarbeiten und gegeneinander abwägen.

Holen Sie dafür alle notwendigen Informationen ein. Sprechen Sie mit Menschen, die Ihre Situation einschätzen können. Erst dann treffen Sie eine Entschei-

Strategie zur Lösung von Konflikten

dung, unter welchen Bedingungen Sie den Konflikt beilegen. Entwickeln Sie eine Strategie und planen Sie konkrete Aktivitäten für die Zeit nach der Konfliktbeendigung.

10. **Schauen Sie mit Zuversicht in die Zukunft.** Sorgen Sie für eine Aufarbeitung des Konflikts und „treten Sie nicht nach". Zeigen Sie sich versöhnlich – nur so finden Sie dauerhaften Frieden. Schauen Sie nach vorne – und nicht zurück.

Gewinnen Sie Selbstvertrauen

Konflikte sind kaum zu verhindern – wem bleiben schon schwierige Kollegen oder unfähige Vorgesetzte ein Berufsleben lang erspart? Damit Sie möglichen Auseinandersetzungen mit der notwendigen Gelassenheit entgegensehen können, brauchen Sie vor allem ein gesundes Vertrauen in die eigene Person.

Tun Sie etwas für Ihr Selbstbewusstsein: einerseits, um nicht in einen Teufelskreis zu geraten, andererseits, um positive Erfahrungen sammeln und diese im Rahmen einer Erfolgsspirale weiterentwickeln zu können. Das ist leicht gesagt. Doch es gibt einige Grundsätze, an die Sie sich halten können und die Sie dabei unterstützen werden, Ihr Selbstbewusstsein zu festigen.

Vorsicht Teufelskreis!

Vermeiden Sie es, in einen Sog negativer Einstellungen und Emotionen zu geraten. Sie finden sich sonst unversehens in einem Teufelskreis wieder, dem Sie sich nicht mehr so leicht entziehen können.

Das folgende Beispiel veranschaulicht die Gefahren einer solchen negativen Verstärkung: Nehmen wir an, Ihnen steht ein unangenehmes Gespräch mit dem Chef bevor. Sie erwarten, dass Ihre Arbeit kritisiert wird und Ihnen Vorhaltungen gemacht werden. Diesmal aber wollen Sie sich wehren. Sie haben jedoch Angst, die Situation könnte eskalieren.

Ihre Gedanken kreisen um die Frage: „Bin ich stark genug, dieses Gespräch zu führen?" In Wirklichkeit sind Sie unsicher und trauen sich eine andere Meinung mit der daraus entstehenden Kontroverse nicht recht zu. Deshalb geben Sie sich sogleich die ernüchternde Antwort: „Ich schaffe das bestimmt nicht!" Auf diese Weise schüren Sie nicht nur Ihre Ängste. Sie entwickeln zudem ein Gefühl, dieser unangenehmen Situation mehr oder weniger hilflos ausgeliefert zu sein – und empfinden damit wie ein Opfer. Jetzt haben Sie auch kein Vertrauen mehr in die eigene Person. Pessimismus und Selbstzweifel bestimmen Ihr Denken und Handeln – es fehlt Ihnen an Selbstsicherheit und Zuversicht.

Mit der Zeit nimmt Ihr Unwohlsein zu und beeinträchtigt das körperliche Wohlbefinden: Kopf- und Magenschmerzen, Konzentrationsstörungen und Verspannungen werden immer häufiger. Nun bestätigt auch Ihr Körper die anfänglichen Befürchtungen: „Ich bin nicht okay!" Der Wunsch, das Gespräch abzusagen, wächst. Sie fühlen sich zu schwach, Ihrem Chef wirklich Paroli zu bieten. Sie wissen schon jetzt: „Er hat die besseren Karten und wird gewinnen." Diese Einstellung bestätigt Ihren Entschluss, sich dem Gespräch nicht zu stellen.

Sind Sie schon öfter in einen solchen Sog negativer Einstellungen und Erfahrungen geraten, besteht die Gefahr, dass Sie diese Form der Abwehrhaltung bereits kultiviert haben. Ohne es zu wollen, haben Sie sich damit in einen Teufelskreis gegenseitiger Abhängigkeiten verstrickt, den Sie unbedingt wieder verlassen sollten.

Wie Sie dem Teufelskreis entkommen

Um einem solchen Teufelskreis zu entkommen, müssen Sie bereit sein, Ihre Sichtweise neu auszurichten. Dies aber braucht Zeit: Einstellungs- und Verhaltensänderungen sind nicht von heute auf morgen zu erreichen. Doch Sie wissen: Auch ein langer Marsch beginnt mit einem ersten Schritt.

Der folgende Aktionsplan gibt Ihnen einige Anregungen, was Sie tun können, um sich aus einer solchen negativen Verstrickung zu lösen:

Aktionsplan: Raus aus dem Teufelskreis

1. **Was Sie brauchen, ist Ruhe.**
   Ihre Nerven sind strapaziert genug. Nehmen Sie eine Auszeit. Verlassen Sie das Konfliktfeld. Wenigstens für ein paar Tage. Ziehen Sie sich zurück. Sorgen Sie für eine entspannte Atmosphäre in angenehmer Umgebung.
2. **Schalten Sie ab.**
   Machen Sie Ihren Kopf frei. Vermeiden Sie Ablenkungen und Störungen.
3. **Beginnen Sie, das Konfliktgeschehen aufzuarbeiten.**
   Erinnern Sie sich. Ordnen Sie Ihre bisherigen Eindrücke und Erfahrungen. Legen Sie ein Konflikt-Tagebuch an. Versuchen Sie Ihre Gedanken und Gefühle in Worte zu fassen und aufzuschreiben.
4. **Analysieren Sie dabei auch Ihr eigenes Verhalten.**
   Benennen Sie Ihre Erfolge und Niederlagen. Finden Sie Ihre Stärken und Schwächen heraus.
5. **Überlegen Sie, wie Sie Ihre derzeitige Situation am Arbeitsplatz verändern und verbessern können.**
   Bleiben Sie dabei realistisch. Setzen Sie sich konkrete Ziele – möglichst mit Terminvorgaben.

6. **Überstürzen Sie nichts.**
   Gehen Sie Schritt für Schritt vor. Knüpfen Sie dabei an Ihre positiven Erfahrungen an. Bauen Sie Ihre Stärken aus. Schaffen Sie sich eine solide Basis, von der aus Sie neue Wege einschlagen können. So spüren Sie Rückenwind und entwickeln neue Kräfte.
7. **Lassen Sie sich helfen.**
   Überlegen Sie, welche Unterstützung Sie benötigen und wie Sie diese erhalten. Suchen Sie sich Verbündete.

Nutzen Sie die Chancen einer Erfolgsspirale

Greifen wir das vorherige Beispiel noch einmal auf. Diesmal, um zu illustrieren, wie Sie Ihr Selbstbewusstsein mit Hilfe positiver Erfolge und gewonnener Zuversicht aufbauen können.

Ihnen ist klar, dass ein unangenehmes Gespräch bevorsteht. Sie sind realistisch genug, um festzustellen: „Das wird bestimmt nicht einfach." Sie lassen sich jedoch nicht aus der Ruhe bringen. Sie wissen, dass sich schon manches schwierige Gespräch zu einem konstruktiven Dialog entwickelt hat. Natürlich wird es Kritik und Vorwürfe geben, doch auch andere Kollegen haben diese Erfahrung machen müssen.

Da Sie nicht nur Ihre Schwächen, sondern auch Ihre Stärken kennen, machen Sie sich sogleich Mut: „Meine Argumente sind gut. Wenn sich der Chef erst einmal ausgetobt hat, hört er mir bestimmt zu." Sie haben das Gefühl, auch ein so schwieriges Gespräch bewältigen zu können, und verfallen nicht in die Rolle des Opfers. Anhand anderer Erlebnisse können Sie Ihren Chef einschätzen. Sie sind konzentriert bei der Sache und sehen dem Gespräch mit einer gewissen Gelassenheit entgegen. Ihre ruhige und selbstsichere Art wirkt sich positiv auf Ihr Wohlbefinden aus. Auch Ihr Körper bestätigt Ihre positive Sicht der Dinge: „Ich bin okay!"

Indem Sie bisherige Erfahrungen und vergleichbare Situationen bewusst heranziehen, um Ihr Selbstvertrauen zu stützen, nutzen Sie die Chancen positiver Verstärkung. Damit verschaffen Sie sich auch bei Ihrem Chef einen souveränen Auftritt. Können Sie weitere positive Erfahrungen dieser Art verbuchen, so werden Sie Mut fassen, um auch mit anderen Konfliktsituationen fertig zu werden.

Verbessern Sie Ihre sozialen Kompetenzen

Konflikte beschreiben in der Regel besonders komplizierte zwischenmenschliche Beziehungen. Diese erfolgreich regeln zu können, setzt neben kommunikativen Fähigkeiten weitere soziale Kompetenzen voraus.

Die Beantwortung folgender Fragen kann dies verdeutlichen:

- Ist es Ihnen peinlich, unbequeme Fragen zu stellen oder Kritik zu äußern?
- Versuchen Sie anderen zu gefallen, um ja nicht aufzufallen?
- Ist die Angst vor bestimmten Personen oder Situationen so groß, dass Sie diese meiden?

Wenn Sie diese Fragen mit Ja beantworten, wird Ihr Verhalten möglicherweise von sozialen Ängsten bestimmt, die es Ihnen schwer machen, sich in Streitgesprächen oder anderen Konfliktsituationen zu behaupten. Doch soziale Ängste abzubauen kann man lernen.

Achten Sie zudem darauf, mit den eigenen Kräften sinnvoll umzugehen. Auch das zählt zu den Voraussetzungen eines erfolgreichen Umgangs mit Konflikten. Ihr Wohlbefinden sollte Ihnen am Herzen liegen. Wer tagtäglich an seinem Arbeitsplatz kämpfen muss, braucht Kondition und Kraft. Sorgen Sie deshalb für Phasen der Entspannung und Erholung. Strategien der Arbeitsmethodik und des Zeitmanagements können Ihnen dabei helfen.

Nutzen Sie entsprechende Fort- und Weiterbildungsmöglichkeiten. Die meisten Einrichtungen der Erwachsenenbildung (z.B. Volkshochschulen), aber auch viele Seminarveranstalter aus dem Bereich der Wirtschaft bieten zur Entwicklung und Förderung sozialer Kompetenzen Führungs- und Verhaltenstrainings an. Scheuen Sie sich nicht, entsprechende Angebote wahrzunehmen!

Machen Sie sich nicht von Ihrer Arbeit abhängig

Wer sein Selbstwertgefühl von der Arbeit abhängig macht, hat ein Problem. Denn dann regiert der berufliche Erfolg oder Misserfolg das Leben und bestimmt die Zufriedenheit. Eine Überidentifikation ist eingetreten.

Konkret bedeutet dies: Wenn Sie mit anderen Menschen in Kontakt treten, tun Sie es nicht als die Person, die Sie wirklich sind, sondern durch den Bezug zu Ihrer Arbeit. Je mehr Sie sich auf Ihre Arbeit ausrichten, desto wahrscheinlicher ist dies. Selbst wenn Sie keine arbeitsbezogenen Themen ins Gespräch bringen, definieren Sie Ihren persönlichen und sozialen Status anderen Leuten gegenüber durch Ihre Arbeit.

Sind Sie weniger stolz auf Ihre berufliche Situation, kann aber auch das Gegenteil passieren. In diesem Fall setzen Sie sich anderen gegenüber herab und sind ängstlich darum bemüht, das Gespräch von arbeitsbezogenen Themen freizuhalten.

Diskussionen über Ihre Arbeitssituation weisen dann für Sie ein hohes Konfliktpotenzial auf. Bestimmt die Arbeit Ihr Leben, werden Sie Kritik an Ihrer Tätigkeit als persönlichen Angriff werten – und dementsprechend reagieren. Versuchen Sie deshalb, dieser Entwicklung entgegenzuwirken.

So können Sie einer Überidentifikation gegensteuern

Untersuchen Sie das Ausmaß Ihrer arbeitsbezogenen (Über-) Identifikation. Zu diesem Zweck schreiben Sie auf die Frage: „Wer bin ich?" so viele Antworten wie möglich auf.

Die Anzahl der Antworten ist weniger wichtig als ihr Inhalt. Schauen Sie sich deshalb Ihre Liste noch einmal genauer an:

- Wie oft kommt Ihre Arbeit darin vor?
- Wie definieren Sie sich? Durch Dinge oder andere Menschen, durch die Vergangenheit oder zukünftige Ziele?
- Wie viel von Ihren persönlichen Ansichten, Eigenschaften und Werten findet Berücksichtigung?
- Ist viel von dem, was Sie sind, eng mit Ihrer Arbeit verbunden? Denken Sie darüber nach. Fragen Sie sich: „Was bedeutet dies für mein Selbstwertgefühl?" Ein bestimmtes Maß an Identifikation mit der Arbeit ist gut, zu viel macht Sie jedoch anfällig für Konflikte.
- Ziehen Sie die Konsequenzen: Stellen Sie das Gleichgewicht wieder her, indem Sie sich mehr Ihrer Partnerschaft/Familie oder Ihren Freunden widmen. Suchen Sie Ihre Interessen auch außerhalb des Arbeitsplatzes. Finden Sie heraus, was Sie im Leben wirklich wollen!

Suchen Sie sich Verbündete

Konflikte nehmen zuweilen Formen an, bei denen es Ihnen ohne fremde Hilfe schwer fallen wird, sich zu behaupten. Suchen Sie sich deshalb Unterstützung.

Nutzen Sie unternehmensinterne Hilfsangebote

Der Auf- und Ausbau betrieblicher Informations- und Beratungsmöglichkeiten hat in den letzten Jahren stetig zugenommen. Nehmen Sie deshalb zunächst die in Ihrem Unternehmen bestehenden Hilfsangebote in Anspruch.

Personalabteilung

Eine der wichtigsten Aufgaben des Personalwesens ist es, für bestmögliche Arbeitsbedingungen zu sorgen. Aus diesem Grund interessieren sich die zuständigen Mitarbeiter auch für Konflikte und deren Auswirkungen auf die sozialen Beziehungen am Arbeitsplatz.

Viele Personalabteilungen bieten deshalb zu diesem Thema Informationen an, die Sie sich ansehen sollten. Kommen Fort- und Weiterbildungsangebote für Sie in Betracht, so machen Sie davon Gebrauch.

Doch Vorsicht: Erhält die Personalabteilung Kenntnis von den Einzelheiten eines konkreten Konflikts, ist sie möglicherweise dazu gezwungen, mit arbeitsrechtlichen Maßnahmen zu reagieren. Überlegen Sie, ob Ihr Problem solche Konsequenzen nach sich ziehen könnte und ob sie gerechtfertigt wären.

Betriebs- und Personalrat

Fühlen Sie sich von Ihrem Betriebs- oder Personalrat vertreten, so profitieren Sie von dessen Kenntnissen. Im Betriebs- oder Personalrat engagierte Kollegen haben in der Regel viel

Erfahrung im Umgang mit den verschiedensten Konfliktformen und sie haben Kontakte, die Ihnen weiterhelfen können.

Erwarten Sie jedoch nicht, dass Ihnen die Lösung des Konflikts abgenommen wird. Auch wenn mancher Betriebs- oder Personalrat dazu bereit sein könnte, alle unangenehmen Erfahrungen von Ihnen fern zu halten, lassen Sie sich nicht im Sinne anderer Interessen instrumentalisieren. Vermeiden Sie, dass Ihr Konflikt zum Gegenstand einer bestimmten Interessenpolitik gemacht wird.

Betriebsarzt

Bislang sehen sich nur wenige Betriebsärzte in der Lage, über ihre arbeitsmedizinischen Aufgaben hinaus auch den zwischenmenschlichen Problemen eine angemessene Aufmerksamkeit entgegenzubringen. Ihre Kenntnisse psychosozialer Belastungen und tätigkeitsspezifischer Hintergründe machen Betriebsärzte jedoch auch bei Konflikten zu wichtigen Gesprächspartnern. Der Betriebsarzt kann Ihnen z.B. die vorübergehende Arbeitsunfähigkeit (AU) bescheinigen oder Sie an externe Kollegen (z.B. auch Psychotherapeuten) weiterempfehlen.

Soll ein Betriebsarzt in Ihrem Sinne aktiv werden, müssen Sie ihn von seiner Schweigepflicht entbinden. Überlegen Sie sich diesen Schritt in Abwägung der möglichen positiven und negativen Konsequenzen.

Betrieblicher Sozialdienst

Konkrete Ansprechpartner bei der Suche nach praktischer Hilfe können auch die Mitarbeiter des betrieblichen Sozialdienstes sein. Nicht in allen, aber in zunehmend mehr Unternehmen sind Psychologen sowie Sozialpädagogen und -arbeiter darauf spezialisiert, sich um Fragen der betrieblichen Gesundheitsförderung zu kümmern. Neben psychosozialen Problemen gehört dazu auch das breite Spektrum zwischenmenschlicher Konflikte.

Die Unterstützung, die Sie erwarten können, lässt sich zumeist nach drei Gesichtspunkten unterscheiden:

- Persönliche Beratung, bei der Sie im Rahmen eines Vier-Augen-Gesprächs Ihre Schwierigkeiten schildern und sich hinsichtlich Ihres weiteren Vorgehens beraten lassen können.
- Intensive Betreuung, bei der Sie im Rahmen einer ausgiebigen – nicht selten auch therapeutischen – Konfliktbearbeitung notwendige Hilfe erfahren.
- Kontinuierliche Begleitung, bei der Ihnen über einen längeren Zeitraum hinweg ein professioneller Helfer zur Seite steht.

Gruppe der Betriebsbeauftragten

In vielen Unternehmen existiert mittlerweile ein gut ausgebautes System von haupt- und ehrenamtlichen Beauftragten. Als sachkundige Mitarbeiter haben sie die Aufgabe, zur Chancengleichheit aller Beschäftigten beizutragen und eine konfliktfreie Zusammenarbeit zu fördern. Auch sie kommen deshalb als mögliche Verbündete in Betracht:

- Ausländerbeauftragte,
- Behindertenbeauftragte,
- Gleichstellungsbeauftragte,
- Mobbingbeauftragte,
- Sicherheitsbeauftragte.

Nutzen Sie unternehmensexterne Hilfsangebote

Haben Sie die Möglichkeiten unternehmensinterner Unterstützung ausgeschöpft – vielleicht aber aus guten Gründen auch gar nicht erst in Anspruch genommen – so wenden Sie sich den Hilfsangeboten außerhalb Ihres Unternehmens zu. Hierzu zählen:

- Ihr Hausarzt oder ein anderer niedergelassener Arzt Ihres Vertrauens,
- ein Psychologe, insbesondere mit den Schwerpunkten Arbeits-, Betriebs- und Organisationspsychologie oder Klinische Psychologie,
- ein Rechtsanwalt, insbesondere mit dem Schwerpunkt Arbeitsrecht.

Nutzen Sie die Erfahrungen Gleichbetroffener

Der Umgang mit Konflikten am Arbeitsplatz – insbesondere mit Mobbing – hat vielerorts Betroffene zusammengeführt, die Selbsthilfegruppen gegründet haben. Mitglieder dieser Interessengemeinschaften handeln in eigener Sache. Im Rahmen regelmäßiger Treffen lernen sie mit ihren Schwierigkeiten umzugehen und ihre Arbeits- und Lebenssituation angemessen zu bewältigen. Scheuen Sie sich nicht, das Erfahrungswissen dieser Gruppen zu nutzen.

> Adressen lokaler Selbsthilfegruppen erhalten Sie z. B. über das Gesundheitsamt oder die Krankenkasse. Termine regelmäßiger Treffen werden zudem häufig in der lokalen Presse bekannt gegeben. Beabsichtigen Sie, eine Selbsthilfegruppe zu gründen, so erhalten Sie praktische Hinweise bei der Deutschen Arbeitsgemeinschaft für Selbsthilfegruppen e.V. in Berlin (www.dag-shg.de) oder über die Nationale Kontakt- und Informationsstelle zur Anregung und Unterstützung von Selbsthilfegruppen (NAKOS) in Berlin (www.nakos.de).

Pflegen Sie Ihre sozialen Kontakte

Konflikte sorgen für Unausgeglichenheit und Unzufriedenheit. Wer aber will ständig mit einem gereizten Kollegen oder Partner zu tun haben? Bevor Sie darüber zum Einzelgänger und folglich auch Einzelkämpfer werden, sollten Sie den Kontakt zu Freunden und Bekannten pflegen. Ohne einen entsprechenden Kreis vertrauter Menschen wird es Ihnen kaum gelingen, Auseinandersetzungen über einen längeren Zeitraum durchzuhalten.

Widmen Sie deshalb dem Aufbau eines sozialen Netzwerks besondere Aufmerksamkeit. Möglichkeiten dazu gibt es genug:

- Tun Sie etwas für Ihre Partnerschaft.
- Halten Sie Kontakt zu Ihrer Familie.
- Unternehmen Sie etwas mit Ihren Freunden.
- Bauen Sie sich einen Bekanntenkreis auf.
- Pflegen Sie den Small Talk mit Ihren Nachbarn.
- Investieren Sie etwas Geld für eine gute Kontaktanzeige.
- Engagieren Sie sich im sozialen oder politischen Bereich.
- Schließen Sie sich einem Verein an.
- Besuchen Sie Kultur- und Sportveranstaltungen.
- Nutzen Sie die Angebote der Erwachsenenbildung.
- Betreiben Sie ein Hobby, das Sie mit anderen Menschen zusammenbringt.

Beziehen Sie Ihren Partner, aber auch langjährige Freunde und vertraute Kollegen in wichtige Entscheidungen auf dem Weg zu einer möglichen Konfliktlösung mit ein. So sorgen Sie dafür, dass Sie bei der Einschätzung des Konflikts und seiner Folgen realistisch bleiben.

Auf einen Blick: Mit Konflikten umgehen

- Bevor Sie auf Konfrontationskurs gehen, sollten Sie sich genau überlegen, ob es sich lohnt, für das verfolgte Ziel zu kämpfen.
- Sich blindlings in eine Auseinandersetzung zu stürzen, führt nur in den wenigsten Fällen zum Erfolg. Nur eine wohlüberlegte Strategie hilft, den Konflikt zu lösen.
- Wer das notwendige Selbstvertrauen hat, kann auch schwierige Situationen überstehen. Korrigieren Sie daher negative Einstellungen und belastende Sichtweisen.
- Mit Konflikten richtig umzugehen, erfordert soziale Kompetenz, u.a. die Fähigkeit, sich auf sein Gegenüber einzustellen. Diese Kompetenz ist erlernbar.
- Probleme muss man nicht unbedingt immer alleine lösen. Unternehmensintern wie -extern gibt es zahlreiche Anlaufstellen, die dabei helfen, den richtigen Weg aus einem Konflikt zu finden.

Konflikte konstruktiv lösen

Wer jeden Konflikt „löst", indem er sich stur stellt oder Druck ausübt, wird von der nächsten Auseinandersetzung bald eingeholt. Mit kommunikativer Kompetenz und Kompromissbereitschaft kommt man hingegen in der Regel weiter.

In diesem Kapitel erfahren Sie, wie Sie auf den Konfliktverlauf Einfluss nehmen können, indem Sie

- Handlungsperspektiven entwickeln,
- persönliche Beziehungen aufbauen,
- sich auf Ihr jeweiliges Gegenüber einstellen,
- das Gespräch mit dem Konfliktgegner suchen,
- Kompromisse suchen und Win-win-Situationen anstreben,
- sich mit Bedacht für eine bestimmte Konfliktlösung entscheiden.

Auf Ihr Handeln kommt es an

Auch wenn Sie nun das Rüstzeug dazu haben, mit Auseinandersetzungen besser umgehen zu können – Ihr eigentliches Ziel muss die Lösung des jeweiligen Konflikts sein. Mit gewonnenem Selbstvertrauen und entsprechender Unterstützung sollten Sie sich deshalb dieser Herausforderung stellen. Gehen Sie dabei schrittweise vor.

Schritt für Schritt zur Konfliktlösung

1. Versuchen Sie zunächst mit Ihrem Konfliktpartner (wieder) ins Gespräch zu kommen.
2. Bauen Sie eine Beziehung auf, die eine Kommunikation möglich macht. Vergessen Sie dabei nicht, sich auf Ihr Gegenüber einzustellen. Reden Sie miteinander.
3. Seien Sie kompromissbereit und ziehen Sie unter Umständen auch einen unabhängigen Vermittler hinzu.
4. Treffen Sie letztendlich eine Entscheidung, die eine Beendigung des Konflikts möglich macht.

Ob Sie dann mit Zuversicht in die Zukunft schauen können, liegt nicht zuletzt auch an einer abschließenden Nachbereitung des Konflikts. Denken Sie daran: Bevor Sie eine Auseinandersetzung als wirklich abgeschlossen ansehen, sollten Sie die durchlebten Situationen verarbeitet haben.

Angriff oder Flucht

Im Umgang mit Konflikten reagiert jeder Mensch anders. Für die einen gilt eine Auseinandersetzung als Herausforderung, für die anderen als eine Katastrophe. Das Spektrum möglicher Verhaltensweisen ist dementsprechend breit gefächert und reicht vom rücksichtslosen Angriffs- bis hin zum übereilten Fluchtverhalten.

Häufig sind die Reaktionen spontan und führen zu keiner tragfähigen Lösung. Manchmal zielen sie lediglich darauf ab, einseitige Interessen durchzusetzen. In anderen Fällen wiederum dienen sie der vorübergehenden Bewältigung negativer Emotionen und drücken letztlich nur Angst oder Enttäuschung, Verzweiflung oder Wut aus.

Was Sie vermeiden sollten

Auch wenn sie bequem und weit verbreitet sind: Verhaltensweisen, die bei der Regelung von Auseinandersetzungen auf einen schnellen Erfolg abzielen, sollten Sie kritisch hinterfragen. Nicht selten tragen nämlich vermeintliche Patentrezepte dazu bei, das Konfliktgeschehen weiter anzuheizen und eine wirklich konstruktive Lösung zu verhindern.

Bevor Sie die Möglichkeiten eines angemessenen Umgangs mit Konfliktsituationen kennenlernen, sollten Sie sich zunächst mit den problematischen Formen des Konfliktverhaltens beschäftigen. Vielleicht kommen Ihnen dabei einige der beschriebenen Einstellungen und Reaktionen durchaus bekannt vor. Ist dies der Fall, so denken Sie darüber nach, ob es zur Beilegung Ihres Konflikts nicht aussichtsreichere Handlungsalternativen gibt. Und außerdem: Sollten Sie entsprechende Tendenzen im Verhalten eines Ihrer Kollegen erkennen, so suchen Sie eine Gelegenheit, um ihn vor den Nachteilen eines wenig zielführenden Umgangs mit Konflikten zu warnen.

Bagatellisieren

Wer Konflikte nicht wirklich zur Kenntnis nehmen will, versucht ihre Bedeutung herunterzuspielen und zu bagatellisieren. „Das kenne ich schon", und andere Aussagen gelten als Rechtfertigung dafür, dass Spannungen im Hinblick auf ihr Ausmaß oder ihre Brisanz verharmlost werden. Ein seriöser Umgang mit möglichen Erklärungs- und Lösungsansätzen erscheint nicht so wichtig oder wird auf einen späteren Zeitpunkt verschoben.

Während das Konfliktgeschehen von der einen Seite bagatellisiert wird, schreitet womöglich die Eskalation der Situation fort. Kommt es dann doch zu einer Konfrontation, ist die Gegenseite bereits bestens vorbereitet.

Ignorieren

Wer glaubt, er könne Konflikten aus dem Wege gehen, wird weder Interessenunterschiede noch Meinungsverschiedenheiten zur Kenntnis nehmen. Das Motto „Was ich nicht weiß, macht mich nicht heiß", scheint eine solche Einstellung zu rechtfertigen. Obwohl das Umfeld eine Eskalation der Situation kommen sieht, wird bewusst versucht, den Konflikt auszusitzen oder zu verdrängen.

Die Zeit heilt manche Wunden, löst aber keine Probleme. Anders ausgedrückt: Nur in wenigen Fällen erledigen sich Konflikte von selbst – der überwiegende Teil aller Auseinandersetzungen nimmt erst durch das Finden eines Standpunktes und beherztes Agieren eine positive Wendung.

Instrumentalisieren

Wer an einer Auseinandersetzung beteiligt ist, wird seinen Standpunkt vertreten und versuchen, sich zu behaupten oder durchzusetzen. Darüber hinaus besteht aber auch die Möglichkeit, den Konflikt – unabhängig von möglichen Erfolgsaussichten – im Sinne der eigenen Interessen zu instrumentalisieren.

Die Erkenntnis „Wenn Zwei sich streiten, freut sich der Dritte", scheint manche Unbeteiligte zu verführen, aus einem Konflikt Vorteile für die eigene Person zu ziehen. Dies kann so weit gehen, dass Spannungen – in der Hoffnung auf die Niederlage eines konfliktbeteiligten Konkurrenten – noch weiter angeheizt werden.

Soll ein Konflikt in dieser Weise instrumentalisiert werden, wird die Konfliktpartei unterstützt, die voraussichtlich als Sieger hervorgeht, und nicht etwa die, auf deren Seite man inhaltlich stünde. Wer als unbeteiligter Kollege plötzlich lautstark zugunsten eines potenziellen Konfliktgewinners Partei ergreift, erweckt nicht ganz grundlos den Eindruck, dessen Erfolgschancen zum eigenen Vorteil nutzen zu wollen.

Wer Konflikte in dieser Weise nutzt, muss damit rechnen, in Zukunft selber zum Spielball anderer Interessen zu werden.

Rationalisieren

Wer einen Konflikt bis ins letzte Detail erklären möchte, versucht dem Problem vor allem durch „Kopfarbeit" näher zu kommen. Die Analyse des Konfliktgeschehens beschränkt sich dabei zumeist auf vernunftbezogene Aspekte. Gefühle – nicht immer einzuschätzen und nur schwer zu beeinflussen – werden lediglich als unwägbare Begleiterscheinungen zur Kenntnis genommen. Derart sachlich und nüchtern reagiert, wer Emotionen sowie soziale Einflüsse weitestgehend ausblendet.

Eine solch verkürzte Sichtweise führt dazu, dass egoistische und irrationale Motive als wichtige Triebfedern zwischenmenschlicher Auseinandersetzungen verborgen bleiben. Gerade aber in Sympathien und Antipathien, in der Angst vor Unbekanntem oder auch in verletzten Eitelkeiten liegen wichtige Ansatzpunkte zur Klärung von Konflikten.

Regredieren

Wer seine Möglichkeiten zur Lösung eines Konflikts weitestgehend ausgeschöpft hat, greift zu guter Letzt auf Verhaltensweisen zurück, die als Kind schon erfolgreich waren.

Trotzig sein wie ein Kind – diese Reaktion spielt durchaus auch bei Konflikten zwischen berufstätigen Erwachsenen eine Rolle. So etwa das lautstarke Auftreten des Vorgesetzten als kämpferischer Junge oder das Weinen der Sekretärin als kindliche Reaktion der Frau. Auch das erboste Türenschlagen nach einer Diskussion entspricht oft eher dem Ausdruck kindlicher Hilflosigkeit als dem einer erwachsenen Persönlichkeit.

Wer als Erwachsener bei einer Auseinandersetzung mit Kollegen kindliche Verhaltensmuster aktiviert, darf sich nicht wundern, wenn er sich nicht durchsetzen kann. Wer alleine mit Lautstärke oder auf dem Weg des Mitleids einen Konflikt am Arbeitsplatz lösen möchte, hat die Brisanz vieler Intrigen und Machtkämpfe nicht wirklich erkannt.

Resignieren

Wer darauf verzichtet, auf das Konfliktgeschehen einzuwirken, fühlt sich hilflos und unterlegen. Während der Klügere nach-, aber nicht aufgibt, zeigen Mitarbeiter durch eine resignative Haltung, dass sie die Konfliktsituation als aussichtslos einschätzen. Die Chance, sich zu behaupten, wird als so gering eingestuft, dass sich Einsatz und Mühe scheinbar gar nicht erst lohnen. Wer so denkt, hat nicht nur in der Sache, sondern auch im Ansehen verloren.

In manchen Fällen kann ein solcher Rückzug zu problematischen Nebenfolgen führen. Dann nämlich, wenn eine Flucht in Alkohol oder Arbeit helfen soll, die als Schmach empfundene Niederlage zu ertragen. Durch Resignation wird kein Konflikt aus der Welt geschafft – es wird ihm nur für eine bestimmte Zeit ausgewichen. Schlimmer noch: Schon bald kann ein resignierter Rückzug in die soziale Isolation führen und damit ein neues Konfliktfeld eröffnen.

Tolerieren

Wer darauf verzichtet, bei einem strittigen Thema Stellung zu beziehen und eigene Interessen einzubringen, toleriert eine andere Sicht- oder Vorgehensweise. Wenn Sie für konträre Auffassungen und Positionen in übergroßem Maße Verständnis zeigen, kann aus bloßer Toleranz durchaus auch eine ungewollte Akzeptanz werden.

Doch Vorsicht: Dieser Umgang mit Konflikten mag vordergründig positiv erscheinen. Wer jedoch konfliktscheu ist und sich selbst ständig zurücknimmt, verliert die eigenen Ziele aus den Augen. Ohne es zu wollen, signalisiert man, dass man nicht zuständig oder eben unfähig ist – über kurz oder lang wird man mit dieser Haltung zum Verlierer.

Was Sie tun können

Damit Sie Konfliktsituationen erfolgreich meistern können, sollten Sie Ihr gesamtes Verhaltensrepertoire nutzen. Im Folgenden finden Sie einige Möglichkeiten, wie Sie angemessen mit Konflikten umgehen können.

Legen Sie das Problem offen

Thematisieren Sie das Problem – auch dann, wenn dies für alle Beteiligten mit schmerzlichen Erfahrungen verbunden ist. Indem Sie Ihr Gegenüber vorbehaltlos mit den Ursachen des Konflikts oder auch Ihren Gefühlen konfrontieren, machen Sie deutlich, dass Sie an einer ernsthaften Konfliktlösung interessiert sind.

Allerdings: So sinnvoll es nüchtern betrachtet auch sein mag, Probleme und ihre Ursachen ehrlich zu thematisieren – Sie können damit leicht auch jemanden verletzen. Denken Sie deshalb auch darüber nach, wie Sie das Problem auf den Tisch bringen, ohne jemanden zu kränken.

Setzen Sie sich durch

Sorgen Sie mit Nachdruck dafür, dass Ihr Standpunkt die gewünschte Akzeptanz findet. Ihre Erfahrung, Position und Ihr Wissen werden Ihnen dabei helfen – Drohungen und Einschüchterungen sind dagegen kontraproduktiv.

Doch Vorsicht: Nicht selten kommt eine Konfliktregelung, die auf Druck oder durch Machteinfluss erreicht wurde, einem Pyrrhussieg gleich, und ein so errungener Erfolg wird Sie kaum voranbringen.

Ändern Sie das Thema des Konflikts

Ändern Sie das dem Konflikt zugrunde liegende Thema. Definieren Sie ein anderes und damit neues Problem. So überraschen Sie Ihr Gegenüber und nehmen ihm das zentrale Angriffsziel – seine Argumente verlieren an Überzeugungskraft und er wird gezwungen, seine Vorgehensweise neu auszurichten.

Während etwa Ihr Vorgesetzter Ihre Einsatzbereitschaft moniert, weisen Sie – ruhig, aber immer wieder – auf die fehlende Kooperationsbereitschaft in der Abteilung hin. Gelingt es Ihnen, sich auf diese Weise Gehör zu verschaffen, können

Sie von einer auf Ihre Person bezogenen Kritik zu einer konstruktiven Auseinandersetzung über die bisherigen Formen der Zusammenarbeit überleiten. Sie kommen so einer gemeinsamen Konfliktlösung einen wichtigen Schritt näher.

Betonen Sie gemeinsame Interessen

Spielen Sie bestehende oder mögliche Differenzen herunter. Betonen Sie vergleichbare Erfahrungen und appellieren Sie an gemeinsame Interessen. Machen Sie deutlich, wie sehr Sie bemüht sind, Ihre Vorstellungen mit denen Ihres Gegenübers in Einklang zu bringen. So können Sie die Wogen glätten und auf einen Kompromiss hinwirken.

Achten Sie freilich darauf: Ihre Position in dieser Auseinandersetzung bleibt davon (zunächst) unberührt, auch wenn Sie Gemeinsamkeiten betonen.

Erwecken Sie den Eindruck, es gäbe Alternativen

Hören Sie ruhig zu und zeigen Sie durch gezielte Fragen (z. B. „Weshalb sind Sie eigentlich der Meinung, dass ...?") zunächst Ihr besonderes Interesse. Erwecken Sie dann den Eindruck, Ihnen würden verschiedene Handlungsalternativen zur Verfügung stehen. Auch wenn dies nicht zutrifft – bei Ihrem Gegenüber sorgen Sie mit Sicherheit für ein Überdenken der eigenen Position.

Bringen Sie mögliche Verbündete ins Spiel

Berufen Sie sich darauf, dass Ihr Standpunkt nicht alleine von Ihnen, sondern in weit stärkerem Maße durch bestehende Abhängigkeiten bestimmt wird. Damit bringen Sie mögliche Verbündete ins Spiel. Können Sie bei Ihrem Gegenüber dadurch den Eindruck erwecken, Sie seien in ein Netzwerk gegenseitiger Verpflichtungen eingebunden, so wird es ihm nicht mehr so leicht fallen, Sie persönlich anzugreifen.

Zur Not: Treten Sie den Rückzug an

Um nicht in weitere Streitereien verwickelt zu werden, verlassen Sie das Konfliktfeld. Folgen Sie dem Motto „Der Klügere gibt nach" und treten Sie langsam den Rückzug an.

> Doch Vorsicht: Vermeiden Sie ein Fluchtverhalten – dieses zeugt eher von Schwäche und Unsicherheit. Ziehen Sie sich deshalb nur schrittweise zurück.

Bauen Sie eine persönliche Beziehung auf

Nicht selten wären Konflikte zu lösen, wenn die Beteiligten sich aufeinander einlassen würden. Ihr Verhältnis wird häufig von unterschiedlichen – nicht selten auch gegensätzlichen – Erwartungen und Wertvorstellungen bestimmt. Um dieses Konfliktpotenzial erfolgreich abbauen zu können, ist eine persönliche Beziehung zwischen den Konfliktparteien unerlässlich.

Bleiben Sie in Kontakt

Auch wenn Sie über Ihre Kollegen, Mitarbeiter oder Vorgesetzten noch so enttäuscht oder verärgert sind, versuchen Sie, den bestehenden Kontakt nicht abreißen zu lassen. Dem Ziel, bei Ihrem Gegenüber Gehör zu finden, kommen Sie nur dann näher, wenn Sie im Gespräch bleiben.

Ziehen Sie sich zurück oder brechen Sie gar den Kontakt ab, so sind Sie zu einer fast vollständigen Handlungsunfähigkeit verurteilt: Sie können dann weder einer weiteren Eskalation des Konflikts entgegenwirken noch etwas für eine mögliche Lösung tun.

Sollten Sie nur noch schriftlich miteinander kommunizieren, so nehmen Sie den persönlichen Kontakt wieder auf. „Wir haben uns nichts mehr zu sagen", und andere Ausflüchte zählen nicht – selbst nach erbittert geführten Kriegen erfolgen Friedensverhandlungen von Angesicht zu Angesicht.

Lassen Sie sich nicht täuschen

Landläufig werden gute Beziehungen mit Harmonie und Übereinstimmung gleichgesetzt. Doch selbst wenn man sich in allen Fragen einig ist – eine Garantie für ein konfliktfreies Miteinander ist das noch nicht. Seien Sie skeptisch, wenn jemand behauptet, es gäbe keine Differenzen. Häufig ist das Gegenteil der Fall: Um einen guten Eindruck zu erwecken, werden Meinungsverschiedenheiten nicht zur Kenntnis genommen und Unstimmigkeiten ignoriert.

Bringen Sie Vernunft und Emotion ins Gleichgewicht

Wenn Sie einen Konflikt beeinflussen wollen, müssen Sie sich darum bemühen, Ihr Gegenüber zu akzeptieren und seine Sichtweise zu verstehen. Versuchen Sie, Vernunft und Emotionen ins Gleichgewicht zu bringen, Sach- und Beziehungsaspekte auseinanderzuhalten. Nehmen Sie deshalb die folgenden Hinweise ernst:

- Ein Zuviel an Emotionen kann Ihr Urteilsvermögen beeinträchtigen.
- Ein Mangel an Emotionen kann Ihre Motivation und das gegenseitige Verständnis verringern.
- Lernen Sie, Emotionen – die eigenen wie die der anderen – zu erkennen.
- Stellen Sie sich auf Emotionen – die eigenen wie die der anderen – ein.
- Reagieren Sie nicht gleich emotional; behalten Sie einen klaren Kopf.

Seien Sie vertrauenswürdig

Den Worten eines anderen trauen und sich auf entsprechende Vereinbarungen verlassen zu können, sind wesentliche Voraussetzungen für eine tragfähige Konfliktlösung. Tun Sie also alles, keinen Zweifel an Ihrer Vertrauenswürdigkeit aufkommen zu lassen.

- Gibt es Gründe, dass man Ihnen misstrauen könnte? Wenn ja, ändern Sie Ihr Verhalten und werden Sie vertrauenswürdiger!
- Täuschen sich die anderen Konfliktbeteiligten in Bezug auf Ihre Vertrauenswürdigkeit? Wenn ja, bieten Sie Ihnen die Möglichkeit, Ihr Verhalten als vertrauenswürdig wahrzunehmen!
- Fordern Sie bei den anderen Konfliktbeteiligten Misstrauen heraus? Wenn ja, helfen Sie ihnen Vertrauen zu gewinnen!
- Sind Sie persönlich enttäuscht? Wenn ja, gründen Sie Ihre Meinung nicht auf einem moralischen Urteil, sondern auf einer nüchternen Situationsanalyse!

Verzichten Sie darauf Druck auszuüben

Druck ist für eine konfliktfreie Beziehung niemals zuträglich. Je mehr Sie Ihren Konfliktgegner unter Druck setzen, umso unwahrscheinlicher wird eine für alle Seiten befriedigende Lösung. Druck kann kurzfristig vielleicht zu gewünschten Ergebnissen führen, auf mittlere Sicht wird das Interesse an einer gemeinsamen Lösung jedoch abnehmen.

Die folgende Übersicht stellt destruktive und konstruktive Verhaltensweisen zusammenfassend gegenüber.

Verhaltensweisen zur Konflikthandhabung		
Sie üben Druck aus.	besser ist:	Sie versuchen zu überzeugen.
Sie greifen den anderen persönlich an.	besser ist:	Sie stellen das Problem in den Mittelpunkt.
Sie versuchen, selbst zu gewinnen und den anderen zu vernichten.	besser ist:	Sie suchen einen gemeinsamen Weg zur Lösung des Problems.
Sie legen sich bei Ihrer Meinungs-/Urteilsbildung zu früh fest.	besser ist:	Sie sind für Argumente, die Sie überzeugen, auch weiterhin offen.
Sie sind auf bestimmte Positionen festgelegt.	besser ist:	Sie bekunden auch für andere Sichtweisen Interesse.
Es gibt für Sie nur ein Entweder-Oder, die Möglichkeiten sind damit begrenzt.	besser ist:	Es gibt für Sie ein Mehr-oder-Weniger, also eine breite Palette von Möglichkeiten.
Sie versuchen, den Willen des anderen zu brechen.	besser ist:	Sie versuchen, den anderen mit Sachargumenten zu überzeugen.
Sie setzen den anderen unter Druck (z. B. Zeitdruck) und lassen ihm keine Rückzugsmöglichkeit.	besser ist:	Sie kommen dem anderen entgegen, so dass er ohne Gesichtsverlust seine Position verändern kann.

Stellen Sie sich auf Ihr Gegenüber ein

Konflikte entzünden sich immer auch an der Persönlichkeit und den Eigenheiten einzelner Menschen. Kollegen und Mitarbeiter, aber auch Vorgesetzte richtig einschätzen zu können, gibt deshalb am Arbeitsplatz ein Gefühl von Sicherheit.

Für den Umgang mit den meisten Menschen reicht in der Regel etwas Beobachtungsgabe und Menschenkenntnis aus. Ihr besonderes Einfühlungsvermögen sollte allerdings den Chefs, Kollegen und Mitarbeitern gelten, von denen Sie annehmen müssen, dass sie in konfliktträchtigen Situationen zu Ihrem Gegenüber werden.

Lernen Sie Persönlichkeiten unterschiedlicher Ausprägung kennen

Wer verschiedene Persönlichkeitstypen und Charaktere kennt, wird sich im Umgang mit seinen Mitmenschen leichter tun, denn er kann sich auf deren mögliche Eigenheiten besser einstellen.

Eines sollten Sie dabei freilich nie vergessen: Jeder Mensch ist einzigartig. Rechnen Sie also nicht damit, dass Ihnen die folgenden Persönlichkeitstypen in reinster Form begegnen. Jedes Verhalten orientiert sich an konkreten Anlässen und bestimmten Situationen, kann sich also jederzeit verändern. Kategorisierungen von Persönlichkeiten erwecken oft den Eindruck, Verhalten sei eine unabänderbare Größe. Dies ist jedoch ein Trugschluss: Die meisten Menschen – also auch Ihr Chef, Ihre Kollegen wie auch Mitarbeiter – reagieren keineswegs immer einsichtig und folgerichtig. Häufiger als dies entsprechende Typologien glauben machen, lassen auch sie sich von Stimmungen und den Einflüssen der Umgebung leiten.

Die folgenden vier Persönlichkeitstypen sollten Sie kennen, damit Sie sich auf deren jeweilige Eigenarten einstellen können:

- den Selbstdarsteller,
- den Perfektionisten,
- den Unnahbaren,
- den Harmoniesüchtigen.

Der Selbstdarsteller

Der Selbstdarsteller ist in erster Linie handlungs- und sachorientiert. Er scheut sich nicht, im Mittelpunkt der Aufmerksamkeit zu stehen – im Gegenteil, er tut fast alles dafür, Beachtung zu finden.

Der Selbstdarsteller schlüpft – eher unbewusst als wohlüberlegt – zu diesem Zweck in verschiedene Rollen.

- Als Choleriker etwa schüchtert er seine Mitmenschen durch Temperamentsausbrüche und Tobsuchtsanfälle ein.
- Der Blender wiederum versucht Kollegen und Vorgesetzte effektvoll zu beeindrucken, um so über seine Inkompetenz hinwegzutäuschen; dabei ist ihm nahezu jedes Mittel recht.

- Insbesondere in Führungsetagen ist außerdem der Feldherr zu Hause: Sein Führungsstil ist autoritär und steht zunehmend häufiger im Widerspruch zu einer zeitgemäßen Mitarbeitermotivation.

Alle diese Rollen sollen beeindrucken und die eigenen Interessen durchsetzen.

Der Selbstdarsteller ist direkt und energisch, entschlossen und selbstbewusst. Er sieht sich als Macher und geht deshalb keinem Konflikt aus dem Weg. Im Gegenteil: Ist das Risiko kalkulierbar, scheut er sich nicht, die Initiative zu ergreifen und die Auseinandersetzung zu suchen. Der Selbstdarsteller ist ungeduldig. Bedenken und Einwände, langatmige Ausführungen und detaillierte Erklärungen bremsen seinen Elan und zwingen ihn zum Handeln. Persönliche Angriffe verletzen ihn und steigern eher das Konfliktpotenzial.

Was Sie tun können

Wer sich Selbstdarstellern bei der Suche nach Anerkennung in den Weg stellt oder ihnen den Erfolg streitig macht, zählt schnell zu ihren Feinden. Vermeiden Sie es, in diese Rolle zu geraten: Die Tatsache, dass der Selbstdarsteller an Auseinandersetzungen gewöhnt und schnell bereit ist, auf Fairness und Rücksichtnahme zu verzichten, macht ihn zu einem wenig kompromissbereiten Gegner.

Der Perfektionist

Der Perfektionist gehört zu den weniger emotionalen Menschen. Er ist nüchtern und sachlich, eher phantasielos und zurückhaltend. Er versucht den Dingen auf den Grund zu gehen, nimmt es dabei jedoch manchmal etwas zu genau. Der Perfektionist ist mitunter etwas stur und scheut zumeist das Risiko. Dies führt dazu, dass er gerne auf seiner Sicht der Dinge beharrt und Veränderungen ablehnend gegenüber steht.

- Um Entscheidungen zu treffen, braucht der Perfektionist neben unzähligen Informationen auch die notwendige Zeit zur genauen Analyse. Aus Angst vor nicht kalkulierbaren Folgen zieht er es vor, Entscheidungen auszuweichen. Damit wird er zum Aussitzer.
- In manchen Fällen erscheint der Perfektionist auch in der Rolle des detailverliebten Pedanten. Dessen Genauigkeit und Kontrollsucht stehen oft im Gegensatz zur Kreativität und Spontanität innovativer Kollegen.
- Nicht selten entpuppt er sich auch als Besserwisser. Immun gegenüber Ratschlägen ist er der Meinung, als Einziger Bescheid zu wissen. Unbeirrt hält er an seiner Sicht der Dinge fest und erwartet, dass die von ihm gemachten Vorschläge umgesetzt werden.

Der Perfektionist versteht sich als Experte. Er braucht Orientierungspunkte und liebt deshalb auch klare Regeln. Sein besonderes Sicherheitsbedürfnis lässt ihn schnell zum Kontrolleur werden. Er interessiert sich für jedes Detail und erkundigt sich ständig nach dem neuesten Stand der Dinge. Der

Perfektionist ist zugleich Analytiker und schenkt logischen Argumenten in der Regel mehr Aufmerksamkeit als emotionalen Stimmungen.

Was Sie tun können

Für den Berufsalltag wie auch den konkreten Konfliktfall gilt: Seien Sie stets gut vorbereitet, wenn Sie auf einen Perfektionisten treffen. Er scheut sich nämlich nicht, Organisationsdefizite und Wissenslücken aufzudecken und die dafür Verantwortlichen auch zu benennen. Der Perfektionist fühlt sich wohl, wenn er sich auf einer sachlichen Ebene bewegen kann – und dabei Recht behält. Versuchen Sie nicht, ihn zu belehren, er ist in der Regel bestens informiert. Auch plötzliche Gedankensprünge oder spontane Entscheidungen sollten Sie möglichst unterlassen: Überraschungen kommen für den Perfektionisten einer Bedrohung gleich und schaffen nur zusätzliches Konfliktpotenzial.

Der Unnahbare

Der Unnahbare zählt zu den Menschen, die soziale Nähe meiden. Er zeigt nur wenig Emotionen und wirkt eher etwas kühl, manchmal auch arrogant. Seine distanzierte Art vermittelt schnell den Eindruck einer strategisch handelnden Person – auch wenn dies nur selten der Fall ist. Als Einzelgänger bleibt er gerne im Hintergrund. Gerät er unter Druck, zieht er sich häufig ganz zurück. Dies macht es schwer, ihn in Arbeitsgruppen und Projektteams zu integrieren. Ist er Vorgesetzter, so geht eine Zusammenarbeit kaum ohne Konflikte ab. Vor allem Informationslücken lassen eine reibungslose Kommunikation mit einem derart distanzierten Chef eher zur Ausnahme werden.

Der Unnahbare ist nur schwer einzuschätzen: „Stille Wasser sind tief", diese Erkenntnis gilt gerade auch für ihn. Hüten Sie sich deshalb davor, ein vorschnelles Urteil über ihn zu fällen. Die Gefahr, den Unnahbaren zu unter- oder zu überschätzen ist groß. Das Wissen darum gibt dem Unnahbaren eine gewisse Stärke.

Was Sie tun können

Versuchen Sie nicht, den Unnahbaren zu bedrängen. Kommen Sie ihm zu nahe, reagiert er ausgesprochen ungehalten. Akzeptieren Sie deshalb sein Revier. Schaffen Sie Möglichkeiten, um spontan und ungeplant mit ihm kommunizieren zu können. Lassen Sie ihn aber darüber entscheiden, wann er auf Sie zukommt, und vertrauen Sie darauf, dass er dies auch tun wird.

Der Harmoniesüchtige

Der Harmoniesüchtige zeigt sich als besonders emotionaler Mensch. Er ist kommunikativ und mitteilsam, kann aber auch zuhören. Stärker als andere ist er von der Atmosphäre und den Stimmungen am Arbeitsplatz abhängig. Auseinandersetzungen geht er aus dem Weg. Sein Harmoniebedürfnis begründet das starke Bemühen um ein gutes Verhältnis zu Kollegen und Vorgesetzten. Dabei macht ihn seine entgegenkommende und geduldige Art zu einem umgänglichen Mitmenschen. Für eine harmonische Beziehung ist er auch bereit, die eigenen Ziele zu opfern.

Dem Harmoniesüchtigen geht es nur selten um die Sache, wichtiger sind ihm dagegen gute Arbeitsbeziehungen und ein angenehmes Betriebsklima. Probleme werden dabei schon mal unter den Teppich gekehrt.

Nur in einer vertrauten Umgebung und im Kreis seiner Kollegen findet er die notwendige Geborgenheit. Cliquenbildung und Kumpanei sind ihm darum auch nicht fremd. Bekommt er keine emotionale Zuwendung, wird er unausstehlich. Sein starkes Sicherheitsbedürfnis verhindert, dass er sich neuen und unbekannten Dingen gegenüber öffnet. Veränderungen, die seine Gewohnheiten und das Verhältnis zu seinen Kollegen betreffen, lehnt er ab. Werden sie dennoch notwendig, so sind Konflikte kaum zu vermeiden.

Was Sie tun können

Jeder Versuch, Meinungsverschiedenheiten anzusprechen und im sachlichen Gespräch zu klären, stößt beim Harmoniesüchtigen an Grenzen. Vertrauen gewinnt er nur dann, wenn Sie ihn auf der emotionalen Schiene ansprechen. Eine schrittweise Annäherung an Problemsituationen und leicht nachvollziehbare Lösungswege haben in der Regel die größten Erfolgsaussichten.

Reden Sie miteinander

Kommunikation ist das Lebenselixier sozialer Beziehungen und damit die beste Möglichkeit, auf den Konfliktverlauf Einfluss zu nehmen. Versuchen Sie deshalb (wieder) miteinander ins Gespräch zu kommen.

Die Grundregeln erfolgreicher Kommunikation

Sollen Gespräche zu einem Abbau von Spannungen führen, so müssen Sie den Verständigungsprozess fördern. Tragen Sie deshalb dazu bei, mögliche Kommunikationsbarrieren zu überwinden. Orientieren Sie sich an den folgenden sieben Grundregeln erfolgreicher Kommunikation.

1 „Gedacht" bedeutet nicht „gesagt"

Ihre Gedanken und Hoffnungen, Sorgen und Zweifel kann niemand erahnen oder Ihnen von der Stirn ablesen.

Beispiel

Angesichts seiner angeschlagenen Gesundheit hofft Herr Meier auf etwas mehr Rücksichtnahme seines laut Radio hörenden Kollegen. „Er weiß doch genau, wie sehr mich der Lärmpegel hier stört", denkt er und beschwert sich. Sein Kollege hingegen war sich der Belästigung überhaupt nicht bewusst, hat Herr Meier – um keinen Ärger heraufzubeschwören – doch bislang geschwiegen. Gedacht ist eben nicht gesagt.

Überlegen Sie, was Sie Ihrem Gegenüber mitteilen wollen, und sprechen Sie im Anschluss daran aus, was Sie denken und empfinden. Erst wenn Sie Ihre Gedanken und Gefühle transparent machen, kann sich Ihr Gegenüber auf Sie einstellen. Auch von Ihrem Konfliktgegner können Sie dann erwarten, dass er sich von seiner menschlichen Seite zeigt. Selbst auf die Gefahr hin, dass Sie eine größere Angriffsfläche bieten – indem Sie Ihr Gegenüber veranlassen, sich auf Ihre Äußerungen zu beziehen und entsprechend zu reagieren – überwiegen dennoch die Vorteile dieser Strategie.

2 „Gesagt" bedeutet nicht „gehört"

Im Beisein anderer Kollegen oder unter Zeitdruck finden Sie kaum eine Chance, wirkliche Aufmerksamkeit zu erhalten und sich Gehör zu verschaffen.

Beispiel

Als Herr Karl seinen Kollegen auf das Gerücht über eine bevorstehende Umstrukturierung der Firma anspricht, ist dieser schon auf dem Weg ins Wochenende. „Sie haben mir am Freitag davon erzählt", entschuldigt er sich zu Beginn der neuen Woche, „aber ich habe gar nicht so richtig hingehört – meine Frau wollte mich doch abholen und ich war sowieso schon spät dran." Gesagt bedeutet eben noch lange nicht gehört.

Wählen Sie also die Gelegenheit für ein Gespräch mit Bedacht; insbesondere dann, wenn es um die Klärung von Missverständnissen oder Problemen geht. Situation und Zeitpunkt eines Gesprächs haben entscheidenden Anteil daran, ob das vorgebrachte Anliegen überhaupt zur Kenntnis genommen wird.

3 „Gehört" bedeutet nicht „verstanden"

Selbst wenn Ihre Botschaft zu hören ist, wird sie nicht immer verstanden.

Beispiel

Die Werbeabteilung einer kleinen Firma soll immer mehr Werbeprodukte selbst herstellen. Das Know-how dazu ist zwar da, aber es fehlt an technischer Ausrüstung. Die Mitarbeiter versuchen ihrem Abteilungsleiter, der technisch nicht sehr versiert ist, zu erklären, warum neue leistungsfähigere Drucker notwendig sind, um die verlangten Arbeiten auch professionell ausführen zu können. Seine Antwort: „Na, Sie können ja auch mal ein paar Überstunden machen." Gehört bedeutet eben nicht unbedingt verstanden.

Versuchen Sie nicht, durch Expertensprache und Fachausdrücke zu beeindrucken. Orientieren Sie sich an der Bereitschaft und den Möglichkeiten, die Ihr Gesprächspartner hat, um Ihre Aussagen inhaltlich nachvollziehen zu können. Denken Sie daran, dass nicht jeder so engagiert bei der Sache ist wie Sie. Geben Sie Ihrem Gegenüber die Gelegenheit nachzufragen. Scheuen Sie sich nicht, Wichtiges zusammenzufassen und noch einmal zu wiederholen.

4 „Verstanden" bedeutet nicht „einverstanden"

Auch wenn Ihre Aussage verstanden wird – Ihr Gegenüber kann durchaus anderer Meinung sein.

Beispiel

„Wenn Kunden die Verkaufsräume betreten und womöglich warten müssen, beenden Sie bitte umgehend Ihr Telefongespräch", erläutert Herr Pfeffer seinen zwei Auszubildenden die Regeln einer verbesserten Kundenorientierung. „Ja, wird gemacht", bestätigen die beiden Lehrlinge. Insgeheim aber hoffen sie, bei künftigen Telefonaten nicht gleich erwischt zu werden. Verstanden bedeutet nämlich keineswegs immer auch einverstanden.

Verzichten Sie darauf Druck auszuüben – versuchen Sie zu überzeugen. Belegen Sie Ihre Argumente mit Zahlen, Daten und Fakten. Seien Sie glaubwürdig und konsequent. Unterstreichen Sie Ihre Position durch Auftreten und Verhalten. Fragen Sie Ihr Gegenüber direkt und auf den Punkt gebracht, ob Sie von seiner Zustimmung ausgehen können.

5 „Einverstanden" bedeutet nicht „behalten"

Eine spontane Zustimmung kann im Alltagsstress des nächsten Tages schon wieder vergessen sein.

Beispiel

Frau Reiter ist im Stress. Sie hat so viel zu tun, dass sie gar nicht bemerkt, wie oft sie zur Tüte mit den Bonbons greift. „Haben Sie unsere Vereinbarung eigentlich ganz vergessen, dass Bonbons während des Kundengespräches tabu sind?", faucht eine Kollegin sie an. Einverstanden bedeutet nicht automatisch auch behalten.

Klären Sie, ob sich Ihr Gegenüber auch noch ein paar Tage später an die getroffene Vereinbarung erinnert und ihr noch immer zustimmt. Sollte es sinnvoll sein, so halten Sie die mündlich geäußerte Zustimmung mit Einverständnis Ihres Gegenübers schriftlich fest.

6 „Behalten" bedeutet nicht „umgesetzt"

Nicht jede Absichtserklärung führt zu einer konkreten Handlung.

Beispiel

Ein Kunde beschwert sich. Der neue Mitarbeiter weiß genau, dass es das Beste ist, dem Kunden entgegenzukommen. Zugleich wird ihm bewusst, dass er das Reklamationsgespräch im Beisein seiner Kollegen führen muss. „Was mache ich nur, wenn dieser schwierige Kunde noch aggressiver wird und die Situation eskaliert?" Die Angst vor einem Streitgespräch und einer möglichen Blamage hält ihn davon ab, sein Wissen in praktisches Handeln umzusetzen. Das Wissen, was zu tun ist, in einer konkreten Situation auch anzuwenden, ist oft schwieriger als gedacht.

Sorgen Sie bei der Lösung eines Konflikts nicht nur für gemeinsame Regelungen, sondern auch für deren Umsetzung – und überprüfen Sie diese. Bedenken Sie mögliche Vorbehalte und Widerstände. Helfen Sie diese zu überwinden.

7 „Umgesetzt" bedeutet nicht „verändert"

Die Umsetzung einer konkreten Vereinbarung muss nicht dazu führen, dass sich das Konfliktpotenzial dauerhaft verändert.

Beispiel

Frau Trojan fühlt sich überfordert. Immer wieder werden ihr Arbeiten angetragen, für die sie sich gar nicht qualifiziert fühlt: Berechnungen und Kostenkalkulationen waren nie ihre Stärke. Um möglichem Ärger aus dem Weg zu gehen, bittet sie diesmal einen Kollegen um Unterstützung. Ob sie in Zukunft eine allen Mitarbeitern angebotene kontinuierliche Schulung in Anspruch nehmen wird, weiß sie nicht. Eine einmalige Aktion garantiert eben noch keine dauerhafte Handlungsorientierung.

Erinnern Sie Ihr Gegenüber in bestimmten Zeitabständen an die getroffene Vereinbarung. Treten Sie dabei nicht als Lehrmeister auf und vermeiden Sie den erhobenen Zeigefinger. Besser kommt es an, wenn Sie die zur Einhaltung der gemeinsamen Regeln gemachten Anstrengungen Ihres Gegenübers durch besondere Aufmerksamkeit und Anerkennung positiv verstärken.

Auf Ihren Kommunikationsstil kommt es an

Überlegen Sie, ob ein persönlicher Umgangston hilft, das Gespräch aufzulockern. Es kann sehr abschreckend auf Ihren Gesprächspartner wirken, wenn Sie allzu formal nur auf Vorschriften verweisen. Klären Sie, ob in Ihrer Situation eine informelle und lockere Form des Gesprächs nicht erfolgversprechender sein kann.

Steuern Sie das Gespräch

Wer ein Gespräch lenkt, bestimmt mehr oder weniger auch dessen Inhalt und Verlauf. Seien Sie darum aktiv und geben Sie die Themen vor. So können Sie Schwerpunkte setzen und diese nach eigenem Ermessen vertiefen oder auch wechseln.

Doch übertreiben Sie nicht! Vermeiden Sie es, das Gespräch zu dominieren, Ihr Gegenüber wird sonst die Lust an einem entsprechenden Dialog mit Ihnen schnell verlieren. Eine Folge davon kann sein, dass Sie wesentliche Informationen für Ihre Entscheidungsfindung nicht mehr erhalten. Achten Sie also darauf, dass das Gespräch nicht einseitig verläuft. Lassen Sie auch Ihre(n) Gesprächspartner zu Wort kommen.

Sagen Sie, was Sie meinen

Soll sich der Aufbau einer persönlichen Beziehung positiv auf das Konfliktgeschehen auswirken, so hilft es nicht, wenn Sie Ihrem Gegenüber Anteilnahme und Zuwendung heucheln, obwohl Sie ihn eigentlich nicht ausstehen können. Gespielte Gefühle und unehrliches Verhalten machen misstrauisch und wecken Vorbehalte.

Dies darf jedoch nicht dazu führen, dass Sie – um niemanden zu verletzen – ein ehrliches und offenes Wort scheuen. Deshalb gilt: Meinen Sie, was Sie sagen – und sagen Sie auch, was Sie meinen; dies allerdings mit der erforderlichen Sensibilität!

Beispiel

Der Chef schmückt sich mit dem Erfolg des von seinem Assistenten durchgeführten Projekts. Seinen Mitarbeiter erwähnt er nur ganz am Rande. Der Assistent ist zu Recht enttäuscht. Er macht aus seinem Gefühl keinen Hehl und verschafft sich Gehör. Seine taktvoll und zum richtigen Zeitpunkt vorgebrachte Beschwerde hat Erfolg: Der Chef hebt Einsatz und Leistung seines Assistenten im nächsten Meeting positiv hervor.

Achten Sie jedoch darauf, dass Sie mit Ihrem Gegenüber am richtigen Ort und zur richtigen Zeit ins Gespräch kommen. In schlechter Stimmung wird dies ebenso schwierig sein wie im Beisein Dritter.

Streitgespräche sollten Sie gut vorbereiten; dies gilt sowohl für den Inhalt wie auch die Atmosphäre. Berücksichtigen Sie die genannten Ratschläge, so wird es Ihnen leichter fallen, auch mit einem schwierigen Gegenüber kontroverse Sichtweisen zu diskutieren. Vergessen Sie jedoch nicht, das Gespräch nach Beendigung in aller Ruhe auszuwerten.

Anhand der folgenden Checkliste sollten Sie noch einmal klären, wie vertraut Ihnen die wichtigsten Dimensionen einer gelungenen Kommunikation sind.

Checkliste: So gelingt Kommunikation

1. Sorgen Sie für eine angenehme Gesprächsatmosphäre? Wenn ja, wie?
2. Vermeiden Sie Schubladendenken und Vorurteile? Wenn ja, wie?
3. Stimmen Ihre sprachlichen Inhalte mit Ihrem körperlichen Ausdruck überein oder werden Sie als widersprüchlich wahrgenommen (z. B. Sie verschränken Ihre Arme vor der Brust, betonen aber Ihre Offenheit für eine andere Sicht der Dinge)? Wenn ja, woher nehmen Sie die Begründung für Ihre Antwort?
4. Bauen Sie Kommunikationsbarrieren ab? Wenn ja, wie?
5. Vermeiden Sie demotivierende Bemerkungen (z. B. „So etwas kann ich mir gar nicht vorstellen.“)? Wenn nicht, was hindert Sie daran?

6.	Führen Sie einen Monolog oder sind Sie an einem ehrlichen Austausch der Meinungen (Dialog) interessiert? Welche Form der Kommunikation überwiegt?
7.	Stellen Sie Fragen und versuchen Sie wichtige Aspekte noch einmal mit Ihren eigenen Worten zusammenzufassen? Wenn nicht, was hindert Sie daran?
8.	Führen Sie das Gespräch zielorientiert? Wenn ja, welches Ziel verfolgen Sie?
9.	Suchen Sie in dem Gespräch einen Kompromiss? Wenn nicht, was steht diesem entgegen?
10.	Halten Sie Versprechen und Zusagen ein? Wenn ja, nennen Sie ein Beispiel.

Seien Sie kompromissbereit

Natürlich können Sie stolz darauf sein, wenn Sie sich bei einer Auseinandersetzung durchsetzen. Ein solcher Erfolg kann sich jedoch auch als problematisch erweisen: Was hilft es Ihnen beispielsweise, wenn die Auseinandersetzung zu Ihren Gunsten ausgeht, Sie Ihr Gegenüber aber nicht überzeugen konnten? Nicht allzu viel, müssen Sie doch damit rechnen, dass Ihre Vorstellungen, wenn überhaupt, nur halbherzig akzeptiert werden.

Schaffen Sie eine Win-win-Situation

Was Sie brauchen, ist eine Konfliktlösung, die auch Ihr Gegenüber akzeptieren kann. Kein leichtes Unterfangen – zugegeben. Doch nur ein Kompromiss, der keine Verlierer kennt, bietet die Voraussetzungen für einen dauerhaften Frieden!

Streben Sie deshalb eine Lösung an, die beide Seiten zufrieden stellt. Auch die Konfliktpartei, die ihre Position nicht durchsetzen kann, sollte Vorteile aus der Lösung ziehen – schaffen Sie eine Win-win-Situation.

Mediation dient dem Interessenausgleich

Eine Win-win-Situation lässt sich nicht über den Rechtsweg herbeiführen. Auch wenn viele Konfliktparteien von gerichtlichen Entscheidungen eine gütliche Regelung ihres Streits erwarten: Wird der Rechtsapparat erst einmal tätig, so sind die Fronten schon verhärtet.

Mehr Erfolg verspricht dagegen das Verfahren der Mediation. Dieses im angloamerikanischen Sprachraum bereits erfolgreich etablierte Konzept der Interessenvermittlung durch einen neutralen Konfliktschlichter findet mittlerweile in immer mehr Wirtschaftsbereichen Resonanz.

> Mediation ist der Versuch einer eigenverantwortlichen und freiwilligen Konfliktregelung durch die Konfliktparteien selbst. Ziel ist es, einen genauen, einvernehmlichen und zufriedenstellenden Interessenausgleich zu erarbeiten, den alle Beteiligten akzeptieren können.

Als neutralem Vermittler kommt dem Mediator die Aufgabe zu, die Konfliktparteien an einen Tisch zu bringen. Dabei bietet er ihnen bei der Suche nach einer kreativen Lösung des Streitfalls seine Unterstützung an.

Die Vorzüge der Mediation liegen auf der Hand: Das Prinzip von Sieg und Niederlage kann auf diesem Weg überwunden werden. Die Konfliktparteien können ihr Gesicht wahren. Persönliche Verletzungen bleiben die Ausnahme. Ganz zu schweigen von der finanziellen Entlastung, wenn die gegnerischen Parteien auf ein teures Verfahren vor Gericht verzichten.

Die wichtigsten Merkmale einer gelungenen Mediation sind:

- alle Konfliktparteien werden eingebunden,
- sie beteiligen sich freiwillig,
- ein neutraler Mediator sitzt mit am Tisch,
- zwischen den unterschiedlichen Interessen wird erfolgreich vermittelt,
- die Konfliktparteien erarbeiten selbst einen Interessenausgleich,
- der Konflikt wird beigelegt.

Versetzen Sie sich in Ihr Gegenüber

Eine Win-win-Situation können Sie nur dann erzielen, wenn Sie bereit sind, einen Kompromiss auch wirklich zu akzeptieren. Dazu müssen Sie sich aber auf Verhandlungen einlassen.

Um einen solchen Aushandlungsprozess zum Erfolg zu führen, sollten Sie sich in Ihren Verhandlungspartner hineinversetzen. Versuchen Sie nicht, ihm ablehnend oder distanziert gegenüberzutreten. Auch die Bewertung von Äußerlichkeiten (z.B. der Kleidung oder Haarfarbe) oder persönlichen Eigen- und Gewohnheiten sollten Sie unterlassen.

Erfolgreich laufen Verhandlungen dann, wenn Sie Ihren Konfliktgegner respektieren, ohne dies von bestimmten Gefühlen und Meinungen abhängig zu machen. Signalisieren Sie ihm – auch wenn es Ihnen schwer fällt – Anteilnahme und emotionale Zuwendung. Das heißt: Versuchen Sie, an seinen Gefühlen teilzuhaben.

Gelingt es Ihnen, sich in Ihr Gegenüber einzufühlen und das angesprochene Problem aus seiner Sicht nachzuvollziehen, so fördert dies die Offenheit und Gesprächsbereitschaft. Unter Umständen kann Ihr Konfliktpartner dann freier über sich selbst und die hinter dem Problem liegenden Bedürfnisse und Sorgen sprechen. Sie selbst gewinnen dadurch neue Sichtweisen und können das Geschehen besser beurteilen.

Verlangt wird nicht, dass Sie alle Verhaltensweisen und Einstellungen Ihres Konfliktgegners gutheißen. Das Ziel besteht vielmehr darin, ihm wertschätzende Aufmerksamkeit entgegenzubringen, die nicht an ein bestimmtes Wohlverhalten gebunden ist. Dies erleichtert es Ihrem Gegenüber, Vertrauen zu gewinnen und auf negative Emotionen zu verzichten.

Verhandeln ist eine Kunst

Die Suche nach einem Kompromiss ist anstrengend, erfordert sie doch ein gewisses Verhandlungsgeschick. Für Sie heißt das: Seien Sie flexibel und reagieren Sie situationsbezogen. Orientieren Sie sich an Ihrem Gegenüber – rechnen Sie mit Überraschungen und seien Sie in der Lage das eigene Verhalten zu variieren.

Die folgenden Ausführungen geben einige Beispiele, wie Sie sich in einer Verhandlungssituation verhalten können.

Warten Sie ab!

Schieben Sie Ihre Entscheidung so lange hinaus, bis Ihr Verhandlungspartner seine Vorstellungen geäußert hat. Erst dann – in Abwägung seiner Entscheidung – treffen Sie die eigene.

Doch Vorsicht: Diese Strategie erfordert starke Nerven!

Sorgen Sie für eine Überraschung!

Lassen Sie Ihren Verhandlungspartner darüber rätseln, wie Sie sich verhalten werden. Überraschen Sie dann mit einer, von Ihnen zuvor festgelegten, aber so nicht zu erwartenden Vorgehensweise. Der Überraschungseffekt verschafft Ihnen eine Verhandlungsposition, auf die sich Ihr Gegenüber erst einmal einstellen muss.

Schlagen Sie Haken!

Beim ersten Anzeichen einer Verhärtung der Standpunkte ziehen Sie sich zurück. Wiegt sich Ihr Gegenüber in Sicherheit, bringen Sie sich sofort wieder ins Spiel. Zeigen Sie Ausdauer und wechseln Sie häufiger die Position – dies erschwert es Ihrem Verhandlungspartner, eine Strategie gegen Sie zu entwickeln.

Doch Vorsicht: Übertreiben Sie nicht! Denken Sie daran, dass auch Sie in Ihrem Gegenüber einen verlässlichen Verhandlungspartner erwarten, dessen Verhalten kalkulierbar sein sollte.

Wiegen Sie Ihr Gegenüber in Sicherheit!

Lassen Sie Rauchzeichen aufsteigen und signalisieren Sie Ihrem Verhandlungspartner – vielleicht schon im Vorfeld – dass er mit Ihrem Entgegenkommen rechnen kann. Wiegen Sie Ihr Gegenüber dadurch in dem Glauben, schon alle notwendigen Informationen zu besitzen. In Wirklichkeit fehlen ihm – um letztlich erfolgreich zu sein – jedoch noch einige entscheidende Details. Diese spielen Sie dann zum richtigen Zeitpunkt aus!

> Doch Vorsicht: Sie unternehmen hier eine Gratwanderung zwischen taktischer Raffinesse und bewusstem Falschspiel. Rutschen Sie nicht ab – ein negatives Image kann Ihnen auf Dauer mehr schaden als der kurzfristig erzielte Vorteil.

Ziehen Sie sich zurück!

Sobald Sie merken, dass Sie in einer schlechteren Position sind, treten Sie den Rückzug an. Signalisieren Sie, dass Sie missverstanden worden sind und es so nicht gemeint haben.

Vorsicht: Ihr Rückzug darf nicht bedeuten, dass Sie automatisch die Vorstellungen Ihres Konfliktgegners übernehmen. Werfen Sie nämlich Ihre eigene Position einfach über Bord, so ist der Gesichtsverlust beträchtlich. Klüger wäre es, auf eine aktive Auseinandersetzung zu verzichten und Kompromissbereitschaft zu signalisieren. Überdenken Sie Ihre Position und überlegen Sie, wie Sie sich mit Ihrem Anliegen zu einem späteren Zeitpunkt erfolgreich zurückmelden.

Anhand der folgenden Checkliste sollten Sie Ihr Verhandlungsgeschick noch einmal hinterfragen.

Checkliste: So verhandeln Sie erfolgreich

Aspekte erfolgreicher Verhandlungen			
1.	**Fragen zur Strategie und Taktik**		
	Verfügen Sie über alle für den Verhandlungsgegenstand relevanten Informationen?	Ja ☐	Nein ☐
	Was ist Ihr optimales Verhandlungsziel?		
	Welche Argumente werden Sie in welcher Reihenfolge in die Verhandlung einbringen?		

	Bei welchen Punkten können Sie weich verhandeln, also nachgeben, und bei welchen werden Sie hart (unnachgiebig) bleiben?		
	Kennen Sie den Standpunkt und die Argumente Ihres Verhandlungspartners?	Ja ☐	Nein ☐
2.	**Fragen zu den Beziehungsaspekten**		
	Mit welchen emotionalen Reaktionen müssen Sie bei Ihrem Verhandlungspartner rechnen?		
	Mit welchen Argumenten können Sie Ihren Verhandlungspartner wieder auf die Sachebene zurückholen?		
	Welche besonderen Interessen hat Ihr Verhandlungspartner?		
	Kennen Sie besondere Schwachstellen oder Sensibilitäten bei Ihrem Verhandlungspartner?	Ja ☐	Nein ☐
	Wenn Ja: Welche sind das?		
	Wie ermöglichen Sie Ihrem Verhandlungspartner eine Rückzugsmöglichkeit?		
3.	**Regeln zur eigentlichen Verhandlungsführung**		
	Gibt es eine Strategie, wie Sie in der Verhandlung vorgehen wollen? Wenn ja, welche?		
	Versuchen Sie, ein möglichst breites Spektrum an Handlungsalternativen aufzubauen, bevor Sie eine Entscheidung treffen? Wenn ja, welche Handlungsalternativen haben Sie?		

Betrachten Sie Ihren Verhandlungspartner als jemanden, der zur Lösung eines gemeinsamen Problems beiträgt? Wenn ja, warum betrachten Sie ihn dann immer noch als Gegner?

Wie reagieren Sie, wenn Ihr Verhandlungspartner nicht auf Ihre Argumente eingeht?

Treffen Sie eine Entscheidung

Sie haben bisher gesehen, dass es möglich ist, auf verschiedene Weise mit Konflikten umzugehen: Sie können kapitulieren und flüchten oder aber standhalten und sich einer Auseinandersetzung stellen. Sie können dies sofort oder auch später, alleine oder mit anderen zusammen tun. Immer aber sind Sie gezwungen, sich zwischen verschiedenen Möglichkeiten zu entscheiden.

Treffen Sie Ihre Entscheidung mit Bedacht. Unüberlegte oder vorschnelle, aber auch nicht getroffene Entscheidungen erhöhen nicht selten das Konfliktpotenzial.

Wollen Sie dies verhindern, so entscheiden Sie sich

- zum richtigen Zeitpunkt,
- auf der Grundlage ausreichender Informationen und
- im Hinblick auf das zu lösende Problem.

Erfolgreiche Entscheider greifen auf eine Mischung aus Erfahrungen und Gefühlen, Einsichten und Fachwissen zurück. Konkret bedeutet dies für Sie:

- Vermeiden Sie spontane Entscheidungen. Nehmen Sie eine Auszeit. Dies schafft den notwendigen Abstand für eine nüchterne Analyse möglicher Konsequenzen.
- Lassen Sie Ihre Gefühle nicht außer Acht – bedenken Sie aber, dass Stimmungen sich ändern können. Untermauern Sie Ihre Entscheidungen deshalb mit sachlichen Argumenten.
- Lassen Sie sich nicht zu unüberlegten oder unnötigen Entscheidungen drängen – etwa weil ein anderer die Verantwortung auf Sie abwälzen möchte. Klären Sie deshalb, ob es überhaupt einer konkreten Entscheidung bedarf (eliminieren), nicht auch ein anderer die Entscheidung treffen kann (delegieren) oder die Entscheidung nicht auch zu einem späteren Zeitpunkt getroffen werden kann (terminieren).
- Sammeln Sie zur Entscheidungsfindung alle relevanten Informationen; nicht nur die, die Ihre eigene Auffassung bestätigen. Nur so vermeiden Sie aus persönlicher Betroffenheit resultierende Fehlentscheidungen.
- Suchen Sie das informelle Gespräch, um so Reaktionen auf Ihre mögliche Entscheidung abschätzen zu können. Erörtern Sie Ihre Absichten mit vertrauten Kollegen. Lassen Sie sich die eigentliche Entscheidung dadurch aber nicht aus der Hand nehmen.

Viele Entscheidungen – etwa ein Arbeitsplatzwechsel – haben Konsequenzen für Ihr privates Umfeld. Binden Sie darum auch die Familie und enge Freunde in die Überlegungen mit ein.

Auf einen Blick: Konflikte konstruktiv lösen

- Angriff oder Flucht? Jeder reagiert unterschiedlich auf einen Konflikt.
- In Konfliktfällen gibt es No-Gos, die es zu vermeiden gilt, so z.B. das Ignorieren oder das Bagatellisieren eines Problems. Wenig hilfreich ist es zudem, andere für seine Zwecke zu instrumentalisieren. Auch das Resignieren schafft Probleme nicht aus der Welt.
- Um sein Gegenüber ins Boot zu holen, kann es sich anbieten, eine persönliche Beziehung zu ihm aufzubauen und sich auf dessen Besonderheiten einzustellen.
- Konfliktlösung funktioniert nicht ohne Kommunikation zwischen den Parteien. Dabei gilt es, auch zwischen den Zeilen zu lesen.
- Lösen Sie sich davon, dass Sie Ihre Meinung zu 100 % durchsetzen müssen. Sie profitieren auch von einer Win-win-Situation, die Ihren Gegner ebenfalls glücklich macht.

Konflikten vorbeugen

Wo Informationen regelmäßig weitergegeben werden, Offenheit herrscht, Vertrauen das Ziel ist und für alle gleiche Spielregeln gelten, gibt es wenig Nährboden für Konflikte.

In diesem Kapitel erfahren Sie, wie Sie

- die Kommunikation mit Ihren Kollegen verbessern,
- mit einer Betriebsvereinbarung die Rahmenbedingungen für ein konfliktfreies Miteinander schaffen,
- an einem neuen Arbeitsplatz von Anfang an vertrauensvoll mit den Kollegen zusammenarbeiten,
- Gruppen- und Teamarbeit konfliktfrei gestalten können und
- Coaching und Supervision als professionelle Hilfen nutzen.

Mischen Sie sich ein

Nur wer aus Erfahrungen lernt und sich bemüht vorauszuschauen, kann etwas dazu beitragen, Konflikte wirklich zu verhindern. Neben den arbeitsplatzbezogenen und betrieblichen Rahmenbedingungen liegt es vor allem an der Einstellung und dem Verhalten des einzelnen Mitarbeiters, ob Konflikten vorgebeugt, zumindest aber einer möglichen Eskalation entgegengewirkt wird.

Konflikte resultieren häufig daraus, dass Informationen nicht weitergegeben werden oder zu wenige oder nur schlechte Kommunikationsmöglichkeiten bestehen. Einem konfliktfreien Austausch von Informationen und Meinungen wird deshalb im Rahmen der meisten Unternehmens- und Führungsgrundsätze auch ein besonderer Stellenwert beigemessen.

Nur dann, wenn die Kommunikation am Arbeitsplatz als ehrlich, offen und vertrauensvoll empfunden wird, bieten sich Möglichkeiten, Auseinandersetzungen bereits im Vorfeld zu verhindern.

Konkret bedeutet dies für Sie:

- Informieren Sie sich – auch wenn es Zeit kostet!
- Beteiligen Sie sich an Diskussionen und Gesprächen – auch wenn es Mühe macht!
- Mischen Sie sich ein – auch wenn es Ihnen unangenehm ist!
- Nutzen Sie Ihre Möglichkeiten zum Aufbau und zur Pflege vertrauensvoller Kommunikationsstrukturen. Auch wenn

sich eine Politik der offenen Türen nicht überall realisieren lässt, so gilt der ungezwungene Small Talk nach wie vor als wesentlicher Bestandteil einer lebendigen Kommunikationskultur. Kommunikation sollte nicht an Vorbedingungen geknüpft werden: verschlossene Türen, auf Abschirmung ihrer Chefs bedachte Sekretärinnen und fehlende Sozialräume sind nicht geeignet, eine offene Atmosphäre zu schaffen.

Die folgenden Anregungen werden Ihnen helfen, die Möglichkeiten der Information und Kommunikation an Ihrem Arbeitsplatz und im Umgang mit Ihren Kollegen, Vorgesetzten und Mitarbeitern zu verbessern. Auf diese Weise lassen sich Probleme entschärfen und Konflikten kann vorgebeugt werden:

- Wenn Sie Leistungen und Verhaltensweisen kommentieren, tun Sie es nicht pauschal, sondern möglichst konkret.
- Erwarten Sie von anderen Beschäftigten keine Vollkommenheit. Denken Sie daran: Auch Sie sind nicht immer in der gleichen Stimmung, auch Ihnen unterlaufen Fehler.

Geben Sie – dort wo es angemessen erscheint – positive Rückmeldungen. Vermeiden Sie ungerechtfertigte oder verletzende Kritik.

- Fragen Sie Ihre Vorgesetzten, Kollegen und Mitarbeiter nach ihrer Arbeit, aber auch nach den damit verbundenen Problemen und erzielten Erfolgen.
- Lassen Sie niemals vor Kunden und anderen Außenstehenden die Wertschätzung für Ihre Vorgesetzten, Kollegen und Mitarbeiter vermissen.

- Nehmen Sie sich Zeit für Gespräche und sorgen Sie dafür, dass nicht nur dienstliche, sondern auch private Probleme zur Sprache kommen können.
- Machen Sie keine Jagd auf Fehler. Bieten Sie anderen vielmehr Ihre Hilfe an und nutzen Sie passende Gelegenheiten zur Bestätigung und Verstärkung.
- Kritisieren Sie niemals Abwesende.
- Seien Sie für konstruktive Kritik dankbar. Greifen Sie entsprechende Hinweise auf und entwickeln Sie eigene Verbesserungsvorschläge.

Fallstricke und Stolpersteine lauern überall

Nicht selten kommt der Versuch, eine reibungslose Information und Kommunikation zu etablieren, einem Hindernislauf gleich. Mit etwas Mühe lassen sich die meisten Hürden jedoch überwinden. Folgende Probleme tauchen im Arbeitsalltag immer wieder auf:

- **Problem:** Es besteht keine Notwendigkeit, miteinander zu reden.

  Vorschlag: Sorgen Sie dafür, dass die Arbeitsbedingungen und -aufgaben regelmäßig überprüft werden. Dies kann auch im Rahmen informeller Gespräche erfolgen. Fördern Sie das Nach-, aber auch Vordenken.
- **Problem:** Informationen werden nach dem Zufallsprinzip vergeben oder eingefordert.

Vorschlag: Schlagen Sie regelmäßige Mitarbeiterbesprechungen (z. B. wöchentliche Dienstbesprechungen) vor. Dokumentieren Sie die erhaltenen Informationen. So können Sie auf Informationsdefizite nicht nur hinweisen, sondern diese auch begründen.

- **Problem:** Sie haben bei Klärungsbedarf keinen konkreten Ansprechpartner.

  Vorschlag: Klären Sie zunächst Ihre eigenen Zuständigkeiten, dann aber auch die Ihrer Vorgesetzten und Kollegen. Verlangen Sie in dringenden Fällen den direkten Zugang zum entscheidenden Ansprechpartner, wenn nötig auch via Mobiltelefon.

- **Problem:** Informationen werden wahllos und ohne konkreten Adressaten oder Handlungsauftrag in Umlauf gebracht. Sie wissen nicht, was Sie mit diesen Informationen anfangen sollen.

  Vorschlag: Sorgen Sie dafür, dass die jeweiligen Informationen mit eindeutigen Handlungsaufforderungen versehen werden. Scheuen Sie sich nicht vor Rückfragen. Informationen von allgemeinem Interesse sollten in der Mitarbeiterzeitung oder am schwarzen Brett bekannt gegeben werden.

- **Problem:** Sie erhalten keine oder nur eine verspätete Rückmeldung.

  Vorschlag: Setzen Sie sich für eine regelmäßige Dienstbesprechung und für Supervision ein. Beide Zusammenkünfte tragen dazu bei, Arbeitsaufgaben zu reflektieren und die notwendige Rückmeldung zu bekommen.

Beachten Sie die Spielregeln

Ein konfliktfreies Miteinander am Arbeitsplatz lässt sich nicht verordnen. Sie können sich jedoch für positive Rahmenbedingungen einsetzen, indem Sie engagiert für konkrete Spielregeln des täglichen Miteinanders eintreten. Übernehmen Sie die Aufgabe, eine solche Diskussion anzuregen und daran mitzuwirken!

Für den Umgang mit Konflikten haben vor allem Führungsgrundsätze eine besondere Bedeutung. Sie machen klar, welches Verhalten erwartet wird und was man konkret zu tun hat. Damit bieten sie den Mitarbeitern eine wichtige Orientierungshilfe zur Ausrichtung des eigenen Verhaltens. Vorgesetzten zeigen sie, welches Führungsverhalten erwünscht ist.

Auf diese Weise werden unterschiedliche Vorstellungen über Führung und Konfliktregelung vereinheitlicht. Mitarbeiter und Vorgesetzte können sich gegenseitig besser einschätzen. Dies schafft Sicherheit und eine größere Stabilität der sozialen Beziehungen am Arbeitsplatz.

Betriebsvereinbarungen schaffen Klarheit

Es gibt Probleme im Berufsalltag, die das Arbeitsklima ganz besonders belasten. Ob es nun um Alkohol geht, Ausländerfeindlichkeit, Mobbing oder sexuelle Belästigung: Probleme dieser Art sollten frühzeitig thematisiert und verbindlich geregelt werden. In diesem Sinn formuliert z.B. auch das Allgemeine Gleichbehandlungsgesetz, kurz AGG, klare Verhaltenserwartungen an das tägliche Miteinander am Arbeitsplatz. Immer mehr Unternehmen schließen zudem in Bezug auf bestimmte Konfliktfelder eigene Betriebs- bzw. Dienstvereinbarungen ab.

Die folgende Übersicht benennt in Stichworten, welche Kernpunkte in einer Betriebs- oder Dienstvereinbarung – hier z.B. zum Thema „Mobbing" – enthalten sein sollten.

Betriebsvereinbarung zum Konfliktfeld Mobbing	
1.	**Geltungsbereich** (Alle Beschäftigten sind einzubeziehen, auch alle Führungskräfte und Personalverantwortlichen.)
2.	**Definition** (Abgrenzung von Mobbing gegenüber alltäglichen Konflikten, z.B. durch folgende Formulierungen: Als Mobbinghandlungen gelten An- und Übergriffe, die die Kommunikationsmöglichkeiten von Beschäftigten einschränken, ihre sozialen Beziehungen und ihr soziales Ansehen schädigen, die Qualität ihrer Berufs- und Arbeitssituation verschlechtern, die Gesundheit belasten und letztlich die Ausgrenzung und den Ausschluss des Angegriffenen aus dem Betrieb bezwecken.)
3.	**Erklärung der Betriebspartner zur Ächtung von Mobbing** (Arbeitgeber und Betriebs-/Personalrat erklären, dass die Ausübung von Mobbing am Arbeitsplatz eine Verletzung der Menschenwürde darstellt und sie diese als solche ächten. Mobbing-Handlungen gelten demgemäß als verbotene Belästigungen.)

Betriebsvereinbarung zum Konfliktfeld Mobbing

4. **Informationsverpflichtung des Arbeitgebers gegenüber den Beschäftigten**
(Hier wird auch festgehalten, auf welche Weise der Arbeitgeber die Beschäftigten informiert, beispielsweise: Die Betriebsvereinbarung wird allen Beschäftigten ausgehändigt. Auf Betriebs-/Personalversammlungen wird über das Thema informiert. Es werden weitere Informationsquellen und Literatur angeboten. Das Thema Mobbing wird in den Katalog der betrieblichen Fort- und Weiterbildungsthemen aufgenommen.)
5. **Qualifizierung der Führungskräfte und Personalverantwortlichen**
(Seminare zum Thema „Konfliktmanagement" werden zur Pflichtveranstaltung für alle Beschäftigten mit Vorgesetztenfunktion. Entsprechendes gilt für Betriebs- und Personalräte. Die Fähigkeit, Konflikte konstruktiv zu lösen, wird als wichtigstes Kriterium in Vorgesetztenbeurteilungen thematisiert.)
6. **Beschwerderechte von Betroffenen**
(Aufklärung über und Konkretisierung der bestehenden Beschwerderechte erfolgt nach dem Betriebsverfassungs- und Personalvertretungsrecht. Wege und Abläufe zum Beschwerderecht im Betrieb werden aufgezeigt.)
7. **Interventionspflicht des Arbeitgebers**
(Festlegung durch Formulierungen wie: „Alle Führungskräfte des Betriebs sind verpflichtet, bei Mobbing in ihrem Arbeitsbereich unverzüglich zu intervenieren.

Betriebsvereinbarung zum Konfliktfeld Mobbing

Die im Betrieb geltenden Regeln zur Beilegung von Konflikten sind anzuwenden.
Gegebenenfalls ist die betriebliche Schlichtungsstelle einzuschalten.")

8. **Sanktionen**
(Hinweise zum Thema Störung des Betriebsfriedens und einer Formulierung wie: „Wer wiederholt Beschäftigte des Betriebs belästigt, muss mit arbeitsrechtlichen Konsequenzen – bis hin zur Entlassung – rechnen.")

9. **Einrichtung einer betrieblichen Schlichtungsstelle**
(Besondere Qualifikation der Schlichtungsstelle wird festgelegt und deren Aufgaben und Kompetenzen werden beschrieben. Die Verpflichtung zur Neutralität wird betont und festgehalten, ebenso die Maßnahmen wie diese gesichert wird. Alternativ können externe Berater zur Mediation herangezogen werden.)

10. **Schlussbestimmung**
Geltungsdauer
Kündigungsfristen

Auf Ihren Start kommt es an

Haben Sie gerade den Arbeitsplatz gewechselt und mit einer neuen Tätigkeit begonnen, so betreten Sie eine Ihnen weitgehend unbekannte Welt. Zunächst müssen Sie sich mit einer fremden Unternehmenskultur arrangieren und sich an bestehende Arbeitsbedingungen sowie Beziehungsstrukturen gewöhnen. Um sich in dieser neuen Umgebung zurechtzufinden, ist es verständlich, wenn Sie nach Orientierung und Unterstützung suchen.

Es ist wichtig, dass Sie sich selbst um eine möglichst reibungslose Eingliederung kümmern. Dazu gehört neben einer fachbezogenen Einarbeitung auch die soziale Integration. Beide Aspekte sind gleichermaßen wichtig. Alle Mühen Ihrer Suche und Bewerbung wären umsonst, wenn Sie aufgrund eines missglückten Integrationsprozesses und anfänglicher Konflikte das neue Unternehmen schon nach kurzer Zeit wieder verließen. Der für eine erneute Stellensuche notwendige Aufwand wäre nicht zu rechtfertigen.

Doch auch wenn Sie darauf verzichten, ein weiteres Mal den Arbeitgeber zu wechseln, obwohl Sie über Ihre berufliche und soziale Einbindung enttäuscht sind, können sich folgenschwere Probleme einstellen. Vor allem dann, wenn Sie auf jegliches Engagement verzichten und Ihre Arbeit nur als Dienst nach Vorschrift absolvieren. Hat die innere Kündigung erst einmal stattgefunden, so führt dies über kurz oder lang zur Belastung der Arbeitsbeziehungen, ja, das gesamte Betriebsklima kann darunter leiden.

Die Phase des Einstiegs in ein neues Unternehmen ist daher besonders wichtig, um zukünftige Konfliktsituationen zu vermeiden. In der Regel ist sie dann erfolgreich verlaufen, wenn Sie sich an Ihrem Arbeitsplatz wohl fühlen und mit Ablauf der Einarbeitungszeit in der Lage sind, Ihre Aufgaben eigenständig zu bewältigen. Dazu gehört, dass Sie mit Ihren Kollegen und Mitarbeitern auf einer vertrauensvollen Basis zusammenarbeiten und auch gegenüber Ihrem Arbeitgeber die notwendige Loyalität aufbauen konnten. Damit sind die wichtigsten Voraussetzungen für eine umfassende Arbeitszufriedenheit und längerfristige Konfliktvermeidung erfüllt.

Lassen Sie sich von einem erfahrenen Kollegen einführen

In vielen Unternehmen erleichtern Mentoren- und Patenschaftsysteme neuen Mitarbeitern den Start in ihre Berufstätigkeit. Die Idee einer solchen Partnerschaft auf Zeit sieht vor, jedem neuen Mitarbeiter einen erfahrenen Kollegen zur Seite zu stellen. Bei beruflichen Fragen und allen Problemen, die sich aus der neuen Arbeitssituation ergeben, ist er ein erster Ansprechpartner.

Wenden Sie sich an einen Mentor bzw. Paten oder einen anderen erfahrenen Kollegen, damit dieser Sie

- mit Ihrer Arbeitsumgebung (z. B. den räumlichen Gegebenheiten) bekannt macht,
- bei der Kontaktaufnahme zu Ihren Kollegen und weiteren Gesprächspartnern (z. B. mit Betriebs-/Personalrat, Gleichstellungs- und Sicherheitsbeauftragten) unterstützt,

- mit geschriebenen und ungeschriebenen Gesetzen des Unternehmens (z.B. Arbeitszeiten, Pausenregelungen, Sicherheitsvorschriften, Verschwiegenheitspflichten) vertraut macht,
- in Ihre Aufgaben einweist, Ihnen Sinn und Zweck Ihrer Tätigkeit erläutert und Sie über den Stellenwert Ihres Arbeitsbereichs im gesamten Unternehmen unterrichtet,
- durch fachliche Anleitung für Ihre Aufgaben qualifiziert,
- beim Erreichen von Arbeitszielen unterstützt,
- bei guten Leistungen lobt, bei Fehlleistungen aufbauend kritisiert,
- bei fachlichen wie auch persönlichen Problemen betreut.

Eine individuelle Betreuung dieser Art bedeutet für den jeweiligen Mentor bzw. Paten in der Regel Mehrarbeit. Sollten Sie selbst aufgrund Ihrer Erfahrung die Rolle eines solchen Mentors bzw. Paten übernehmen, so sorgen Sie dafür, dass die Übernahme dieser Aufgabe zwischen den Kollegen wechselt und zeitlich befristet ist.

Sollte das Mentoren- bzw. Patenschaftsystem – aus welchen Gründen auch immer – in Ihrem Unternehmen noch unbekannt sein, so machen Sie mit einem entsprechenden Hinweis bei den verantwortlichen Entscheidungsträgern auf sich aufmerksam! Suchen Sie darüber hinaus Kontakt zu Ihren neuen Kollegen. Gehen Sie auf diese zu – auch wenn es anfangs schwer fällt – und erleichtern Sie ihnen die Akzeptanz im neuen Arbeitsumfeld.

Arbeiten Sie miteinander

Am besten kann man bei den Arbeitsbeziehungen ansetzen, um Konflikten vorzubeugen. Wie schnell kann eine partnerschaftliche Zusammenarbeit in einen Konflikt münden! Kaum jemand, der dies nicht schon einmal erlebt hätte. Es gibt deshalb zahlreiche Ansätze, um die innerbetriebliche Kooperation zu verbessern. Dies ist auch ein Grund dafür, weshalb Modelle der Gruppenarbeit mittlerweile vielerorts hierarchisch gegliederte Organisationsstrukturen ablösen.

Gruppen- und Teamarbeit sind durch folgende Merkmale gekennzeichnet:

- Sie bieten weitreichende Möglichkeiten der Selbstbestimmung. Die Abwicklung und Verteilung von Arbeitsaufgaben entscheiden Arbeitsgruppen in Eigenregie und ohne Anweisung von außen.
- Mitbestimmung wird großgeschrieben. Gemeinsame Aushandlungsprozesse (z.B. über die zukünftige Vorgehensweise) ersetzen bei Arbeitsgruppen die sonst übliche Vorgabe und Kontrolle durch Vorgesetzte.
- Die Kommunikation ist besonders intensiv. Alle Gruppenmitglieder haben untereinander direkten Kontakt und pflegen einen regen Erfahrungs- und Meinungsaustausch.
- Es entsteht ein starkes Zusammengehörigkeitsgefühl. Über die enge Zusammenarbeit hinaus entwickelt sich ein besonders motivierender Teamgeist (Wir-Gefühl).

- Synergieeffekte entstehen. Das Zusammenführen unterschiedlicher Ideen und Fähigkeiten führt zu einer Gruppenleistung, die größer ist als die Summe der Leistungen ihrer einzelnen Mitglieder.
- Arbeitsgruppen sind nicht nur bei der Durchführung konkreter Aufgaben (z.B. als Verkaufsteam) erfolgreich. In Form von kommunikativen Netzwerken (z.B. als Gesundheits- und Qualitätszirkel) haben sie auch einen entscheidenden Anteil an der Entwicklung problemspezifischer Lösungsstrategien.

All diese Besonderheiten von Gruppen- oder Teamarbeit fördern ein konfliktfreies Miteinander.

Tragen Sie dazu bei, dass die Vorteile dieser Arbeitsweise auch in Ihrem Arbeitsumfeld anerkannt werden. So können Sie zu einer effektiven und konfliktfreien Zusammenarbeit mit Ihren Kollegen beitragen:

- Vermitteln Sie Ihren Kollegen die Idee teamorientierter Zusammenarbeit und thematisieren Sie mögliche Vor- und Nachteile.
- Stärken Sie die Bedeutung der Gruppen- und Teamarbeit gegenüber den altbekannten Arbeitsstrukturen.
- Helfen Sie mit, das Verständnis und die Rolle der einzelnen Teammitglieder innerhalb Ihrer Arbeitsgruppe zu klären.
- Tragen Sie zu einer Optimierung der Arbeitsorganisation, z.B. mit einer verbesserten Abstimmung von Einsatz- und Zeitplänen bei.

- Trainieren Sie den Abbau von sozialen Ängsten und Kommunikationsbarrieren innerhalb Ihrer Arbeitsgruppe.
- Überlegen Sie, wie der Informations- und Meinungsaustausch zwischen Ihnen und den anderen Teammitgliedern verbessert werden kann.
- Üben Sie gemeinsam mit Ihren Kollegen den konstruktiven Umgang mit arbeitsbedingten Problemen und entwickeln Sie Strategien zum Konfliktmanagement.
- Fördern Sie innerhalb Ihrer Arbeitsgruppe gemeinsame Wertvorstellungen und partnerschaftliches Verhalten.
- Unterlassen Sie es, sich an Intrigen oder Machtkämpfen zu beteiligen.
- Unterstützen Sie die Bereitschaft und Kompetenz der Teamkollegen, mit anderen Arbeitsgruppen des Unternehmens zu kooperieren.

Weitere Informationen zu diesem Thema finden Sie in den TaschenGuides „Teams führen" und „Projektmanagement".

Nehmen Sie Mitarbeitergespräche ernst

Eine der erfolgreichsten Möglichkeiten zur Vermeidung von Konflikten ist das Mitarbeitergespräch. Ziel einer solchen Vier-Augen-Kommunikation ist es, den Erfahrungs-, Informations- und Meinungsaustausch zu verbessern.

Mitarbeitergespräche können etwa zur Klärung des gemeinsamen Rollenverständnisses beitragen, Ängste, Missverständnisse und Vorbehalte aufdecken und für eine Verbesserung der Arbeitsbedingungen sorgen. Vorgesetzte, die bei Problemen ihrer Mitarbeiter oder bei ersten Anzeichen für aufkommende Konflikte nicht das Gespräch suchen, vernachlässigen ihre Führungsaufgabe!

Ist ein Konflikt zentraler Gegenstand eines solchen Gesprächs, so sollte dieses einer mehrstufigen Dramaturgie folgen. Die folgende Übersicht benennt die wichtigsten Phasen beim Ablauf eines idealtypischen Konfliktgesprächs.

Leitfaden: Ablauf eines Konfliktgesprächs

1. **Erste Phase:** Das Gespräch sollte sachlich und ohne Vorhaltungen beginnen. Eine unangemessene Emotionalität in Form von Ärger oder voreiligen Bewertungen ist in jedem Falle zu vermeiden. Das zum Konflikt führende Problem wird benannt und eingegrenzt.
2. **Zweite Phase:** Der betroffene Mitarbeiter wird um eine Erklärung für sein Verhalten (z. B. die Weigerung, dem Kollegen wichtige Informationen weiterzugeben) gebeten. Dies gilt in gleicher Weise auch für den Vorgesetzten, wenn es um sein problematisches Führungsverhalten geht.
3. **Dritte Phase:** Die negativen Folgen – z. B. unpünktliches Erscheinen im Hinblick auf die Folgen für die gesamte Abteilung, auf die Kollegen und den Betroffenen selbst – werden thematisiert.

4. **Vierte Phase:** Die an den betroffenen Mitarbeiter (oder auch Vorgesetzten) und sein zukünftiges Verhalten gerichteten Erwartungen werden besprochen. Beide Gesprächsparteien halten Möglichkeiten der Konfliktlösung schriftlich fest und unterzeichnen eine entsprechende Vereinbarung. Der Informations- und Meinungsaustausch sollte in der Folgezeit intensiviert werden.
5. **Fünfte Phase:** Der Betroffene sollte bei Beendigung des Gesprächs erkennen, dass man nach wie vor auf eine gute Zusammenarbeit setzt und dass die Vertrauensbasis für ein konfliktfreies Miteinander auch weiterhin besteht.

Während routinemäßige Mitarbeitergespräche regelmäßig durchgeführt werden sollten, erfolgen Konfliktgespräche in der Regel nur bei konkretem Anlass.

> Thematisieren Sie offensichtliche Probleme oder unerwünschtes Verhalten nur im Rahmen persönlicher Gespräche. Kritische Äußerungen im Beisein anderer Kollegen zerstören jegliche Vertrauensbasis!

Weitere Informationen zu diesen Themen finden Sie in den TaschenGuides „Mitarbeitergespräche" und „Zielvereinbarungen und Jahresgespräche".

Nutzen Sie Coaching und Supervision

Die Ursachen von Konflikten zu durchschauen und adäquate Lösungen zu finden, ist oft erst mit professioneller Hilfe möglich. In vielen Fällen lassen sich nur mit Unterstützung externer Fachleute Selbstbehauptungsstrategien erarbeiten und Verhaltensänderungen herbeiführen.

Beratungsangebote wie Coaching und Supervision finden daher mehr und mehr Akzeptanz. Beide Angebote helfen, die immer komplexer werdenden Arbeits- und Konfliktsituationen zu reflektieren und zu bewältigen. Während dies beim Coaching im diskreten Dialog eines Vier-Augen-Gesprächs erfolgt, findet Supervision im Kreis der Kollegen statt. Dadurch werden die Beziehungen zwischen den Mitarbeitern und Probleme, die sich aus ihnen ergeben, unter allen Beteiligten ausgehandelt.

Coaching und Supervision sollen die Handlungen der Konfliktparteien weder rechtfertigen noch kontrollieren. Angestrebt ist vielmehr, die Konfliktpartner in die Lage zu versetzen, ihre Probleme selbst erfolgreich in die Hand zu nehmen. Sie sollen unbewusste Handlungsstränge erkennen und lernen, schwierige zwischenmenschliche Beziehungen zu erörtern, Ursachen für bestehende Konflikte aufzudecken und entsprechende Lösungswege zu erarbeiten.

Nach einer ersten Kontaktaufnahme mit einem Coach oder Supervisor sollten Sie herausfinden, ob Sie miteinander können (Schlüsselfrage: „Stimmt die Chemie?"). Erst wenn diese Grundvoraussetzung geklärt ist, macht eine Vereinbarung über Ziele, Vorgehensweise, Termine, die finanziellen Modalitäten sowie Kriterien für eine Beendigung der Zusammenarbeit Sinn. In gegenseitigem Interesse sollten Sie einen schriftlichen Vertrag schließen.

Die eigentliche inhaltliche Arbeit beginnt mit einer Situationsanalyse, zu der neben einer genauen Problemdefinition auch die Beschreibung der persönlichen und gruppenbezogenen Rahmenbedingungen gehört. Manchmal können Sie auch gemeinsam Etappenziele formulieren und entsprechende Handlungsstrategien entwickeln. In intensiven Gesprächen werden dann Wünsche und Sehnsüchte aufgedeckt sowie Fähigkeiten des Selbstmanagements reflektiert, schwierige zwischenmenschliche Beziehungen erörtert und Konfliktlösungen im beruflichen wie im privaten Umfeld erarbeitet.

Angesichts der Vorgeschichte und Komplexität mancher Konflikte reichen einmalige Termine in der Regel allerdings kaum aus. In den meisten Fällen benötigt es mehr Zeit und einen längeren Zeitraum der Begleitung.

Auf einen Blick: Konflikten vorbeugen

- Häufige Ursachen vieler Konflikte sind mangelnde Kommunikation und schlechter Informationsaustausch. Der Aufbau einer vertrauensvollen und offenen Atmosphäre hilft, diese Konfliktfallen zu beseitigen.
- Klare Spielregeln zum täglichen Miteinander, festgelegt z.B. in Betriebsvereinbarungen, helfen dabei, Konflikte gar nicht erst entstehen zu lassen.
- Aller Anfang ist schwer: Neue Kollegen tappen schnell in Fettnäpfchen. Mentoren helfen bei einem guten Start ohne Konflikte.
- Gruppen- und Teamarbeit löst immer mehr hierarchisch gegliederte Organisationsformen ab. Sie trägt dazu bei, dass Arbeitnehmer besser zusammenarbeiten können.
- Mitarbeitergespräche sind ein gutes Instrument für Vorgesetzte, Konflikte bereits im Vorfeld zu erkennen und gemeinsam mit den Beteiligten aufarbeiten zu können.
- Wer mitten in einem Konflikt steckt, kann oft das Problem nicht mehr objektiv sehen. Lösungsstrategien bieten hier externe Coaches und Supervisoren.

Teil 2: Training Konfliktmanagement

Zur Durchführung der Übungen

Im ersten Teils dieses Buches haben Sie viel über den Umgang mit Konflikten im Beruf erfahren. In den folgenden Kapiteln erhalten Sie das Rüstzeug für eine erfolgreiche Anwendung dieses Wissens im Alltag. Mit den dort dargestellten Übungen können Sie Ihre Kompetenzen im Umgang mit Konflikten weiter verbessern.

Allerdings lassen sich – vor allem der Vielschichtigkeit von Konflikten geschuldet – nicht alle diese Fähigkeiten real einüben und praktisch erfahrbar machen. Aus diesem Grund geht es in den Trainingseinheiten vor allem darum, mögliche Handlungsoptionen gedanklich durchzuspielen und deren Anwendung in der Vorstellung zu simulieren.

Dies hat folgenden Vorteil: Wer seine Erfahrungen (selbstkritisch) hinterfragt und – dort wo es möglich ist – neue Kompetenzen einübt und trainiert, der wird in die Lage versetzt, bestimmte Lösungsansätze und -wege zu verinnerlichen und damit in gewisser Weise auch zu „programmieren". Wer sich so schult, kann diese Programme im Konfliktfall – ohne lange nachzudenken – problemlos abrufen.

Soziale Situationen gleichen nicht mathematischen Formeln. Folglich kann es bei Konflikten weder richtige noch falsche Lösungen geben. Insofern handelt es sich bei den Auswertungen der Übungen vorrangig um Interpretationshilfen und Handlungsempfehlungen. Dennoch bietet die Bearbeitung der mehr als 40 Übungen eine ideale Möglichkeit, neue Sicht- wie Vorgehensweisen zu entwickeln und sich für kommende Konfliktsituationen fit zu machen.

Bei einigen dieser Übungen ist es sinnvoll, eine oder mehrere Personen Ihres Vertrauens hinzuzuziehen. Deren Einschätzung trägt dazu bei, dass Sie Ihren Blick auch auf bislang unerkannte oder vernachlässigte Aspekte des Konfliktgeschehens richten – und damit möglicherweise eine neue Perspektive gewinnen.

Konflikte analysieren

Wer Interessenunterschiede und Meinungsverschiedenheiten bewältigen will, muss sie verstehen und richtig einschätzen können. Daher ist es notwendig, Konflikte in ihren unterschiedlichen Ausprägungen analysieren zu können und damit eine Bestandsaufnahme der jeweiligen Situation vorzunehmen.

Die folgenden Übungen helfen Ihnen dabei,

- Formen von Auseinandersetzungen zu differenzieren,
- möglichen Gründen für Konflikte auf die Spur zu kommen,
- die persönliche Mitverantwortung abzuklären,
- Konflikte als Chance zu begreifen.

Meine Konfliktfelder

Zweck: Bewusstsein für Konflikte schärfen, Unterschiede zwischen Streit und Konflikt erkennen

Dauer: ca. 20 Minuten

Hilfsmittel: Textmarker

Beschreibung

Ein einmaliger und spontaner Streit kommt immer wieder mal vor. In dieser Übung geht darum, belastende längerfristige Konflikte zu identifizieren. Damit Ihnen der Stellenwert entsprechender Auseinandersetzungen bewusst wird, listen Sie auf, wie viele Alltagssituationen Sie am Arbeitsplatz, aber auch im Privatleben in letzter Zeit als ernstzunehmenden Konflikt empfunden haben.

Nehmen Sie dazu ein Blatt Papier und teilen Sie die Seite in zwei Spalten. Links notieren Sie die Konflikte im beruflichen, rechts die im privaten Umfeld.

Meine Konflikte	
Berufliches Umfeld	**Privatleben**

Lassen Sie dann z.B. die letzten sechs Monate Ihres Lebens noch einmal an sich vorüberziehen und notieren Sie die Interessen- und Meinungsunterschiede, die Sie aus dieser Zeit in Erinnerung behalten haben und die Sie als Konflikte einstufen. Markieren Sie mit einem Textmarker diejenigen Konflikte, die noch andauern.

> Bleiben Sie bei der Auflistung spontan – welche der beiden Spalten mehr Konflikte aufweist, spielt keine Rolle. Vermeiden Sie es, schon im Vorfeld eine Analyse vorzunehmen.

Auswertung

Möglicherweise sind Sie vom Ergebnis dieser Übung überrascht:

- War Ihnen bewusst, wie viele bzw. wenige Konflikte Ihnen in Erinnerung geblieben sind?
- Waren Sie sich schon vorher sicher, welcher Lebensbereich von Ihnen als besonders konfliktträchtig eingeschätzt wird?

Vielleicht zeigt sich dabei, dass sowohl im beruflichen wie privaten Umfeld einiges im Argen liegt. An zwei Fronten zu kämpfen ist jedoch auf Dauer nicht durchzuhalten – sorgen Sie deshalb dafür, dass wenigstens Ihr Privatleben befriedet wird. Nur so kann es gelingen, sich erfolgreich auf die Lösung der beruflichen Konflikte zu konzentrieren.

Die Auseinandersetzungen die Sie noch heute, also nach einem längeren Zeitraum seit Konfliktentstehung, beschäftigen, sollten Sie ernstnehmen und weiter bearbeiten. Bewahren Sie die Liste gut auf und prüfen Sie ab und zu, ob sich ein Konflikt erledigt hat.

Ein Konflikt, aber welcher?

Zweck: Unterschiede zwischen Konfliktarten erkennen

Dauer: ca. 15 Minuten

Hilfsmittel: Konfliktliste aus der vorherigen Übung

Beschreibung

In der vorherigen Übung haben Sie festgestellt, dass einige Konflikte in Ihrem Berufs- und Privatleben (noch immer) eine wichtige Rolle spielen. Doch nicht alle Auseinandersetzungen sind gleich. Klären Sie, ob es sich dabei in erster Linie um zwischenmenschliche Konflikte mit Vorgesetzten, Mitarbeitern oder Kollegen handelt oder ob Rivalitäten zwischen Abteilungen, Arbeitsgruppen oder Unternehmensbereichen im Vordergrund stehen. Möglicherweise sind andere Personen auch nur mittelbar betroffen – vielleicht handelt es sich in Wirklichkeit um Selbstzweifel und einen Gewissenskonflikt.

Um diese Aspekte weiter zu verfolgen und den Konflikten so auf den Grund zu gehen, nehmen Sie die Konfliktliste aus der vorherigen Übung zur Hand. Bewerten Sie, ohne lange nachzudenken, die dort aufgeführten Konflikte, indem Sie sie mit Buchstaben versehen:

- A für einen Beziehungskonflikt,
- B für einen Konflikt zwischen Gruppen und
- C für einen Gewissenskonflikt.

Auswertung

Mit dieser Übung bekommen Sie einen realistischen Überblick über die Konfliktformen, mit denen Sie häufiger konfrontiert sind.

- Konflikte zwischen Einzelpersonen sind sicherlich die am häufigsten vorkommenden. Das Gute bei ihnen ist: Hier haben Sie einen persönlichen Ansprechpartner – die Chancen etwas zu ändern sind deshalb besonders gut. Wie das geht, erfahren Sie in den nächsten Übungen.
- Konflikte zwischen Organisationseinheiten lassen sich dagegen aufgrund der vielen Beteiligten nur schwer beeinflussen.
- Die Lösung von Gewissenskonflikten macht ebenfalls besondere Probleme, rütteln sie doch am Selbstverständnis jedes Menschen. Sie werden darum oft verleugnet.

Noch Konflikt oder bereits Mobbing?

Zweck: Mobbing-Anzeichen erkennen

Dauer: ca. 15 Minuten

Beschreibung

Eskaliert ein Konflikt am Arbeitsplatz, so ist oft vorschnell von Mobbing die Rede. Um zu klären, ob Sie wirklich von „Psychoterror am Arbeitsplatz" betroffen sind, sollten Sie den bisherigen Konfliktverlauf kritisch hinterfragen. Füllen Sie dazu zunächst die folgende Checkliste aus. Welche Aussagen treffen zu, welche nicht?

	Ja	Nein
▪ Sie werden schlecht gemacht und in Ihren sozialen Kontakten behindert.	☐	☐
▪ Ihr Vorgesetzter schränkt Ihre Möglichkeiten ein sich mitzuteilen.	☐	☐
▪ Kollegen und/oder Mitarbeiter schränken Ihre Möglichkeiten ein sich mitzuteilen.	☐	☐
▪ Sie werden ständig unterbrochen.	☐	☐
▪ Man schreit Sie an, schimpft laut mit Ihnen.	☐	☐
▪ Ihre Arbeit wird ständig kritisiert.	☐	☐
▪ Ihr Privatleben wird ständig kritisiert.	☐	☐
▪ Sie werden durch anonyme oder belästigende Anrufe unter Druck gesetzt (Telefonterror).	☐	☐

	Ja	Nein
▪ Sie erfahren abwertende Blicke und/oder Gesten mit negativem Inhalt.	☐	☐
▪ Man macht Andeutungen, ohne dass Sie direkt angesprochen werden.	☐	☐
▪ Sie werden systematisch isoliert.	☐	☐
▪ Man spricht nicht mit Ihnen.	☐	☐
▪ Man will von Ihnen nicht angesprochen werden.	☐	☐
▪ Sie werden an einem Arbeitsplatz eingesetzt, an dem Sie von Kollegen isoliert sind.	☐	☐
▪ Den Kollegen wird verboten mit Ihnen zu sprechen.	☐	☐
▪ Sie werden wie Luft behandelt.	☐	☐
▪ Ihre Arbeitsaufgaben werden geändert, um Sie zu bestrafen.	☐	☐
▪ Sie werden ständig zu neuen Arbeitsaufgaben eingeteilt.	☐	☐
▪ Sie erhalten Arbeitsaufgaben, die weit unter Ihrem Können und/oder Ihrer Qualifikation liegen.	☐	☐
▪ Sie erhalten Arbeitsaufgaben, die Sie aufgrund fehlender Erfahrung und/oder Qualifikation weit überfordern.	☐	☐
▪ Sie bekommen sinnlose Arbeitsaufgaben zugewiesen.	☐	☐

	Ja	Nein
▪ Sie werden für gesundheitsgefährdende Arbeitsaufgaben eingesetzt.	☐	☐
▪ Sie bekommen keine Arbeitsaufgabe zugewiesen und sind während Ihrer Arbeitszeit ohne Beschäftigung.	☐	☐
▪ Sie werden in Ihrem Ansehen herabgewürdigt.	☐	☐
▪ Man spricht hinter Ihrem Rücken schlecht über Sie.	☐	☐
▪ Man verbreitet Gerüchte über Sie.	☐	☐
▪ Man macht Sie vor anderen lächerlich.	☐	☐
▪ Man verdächtigt Sie, psychisch krank zu sein.	☐	☐
▪ Man imitiert Ihren Gang und/oder Ihre Stimme und/oder Ihre Gesten, um Sie lächerlich zu machen.	☐	☐
▪ Man greift Ihre Herkunft an und macht sich darüber lustig.	☐	☐
▪ Man beurteilt Ihre Arbeit in falscher und/oder kränkender Weise.	☐	☐
▪ Man stellt Ihre Meinung infrage.	☐	☐
▪ Man belästigt Sie in sexueller Weise und/oder macht sexuelle Anspielungen.	☐	☐
▪ Sie werden bedroht.	☐	☐
▪ Man droht Ihnen mit körperlicher Gewalt.	☐	☐

	Ja	Nein
■ Jemand verursacht Ihnen Kosten, um Ihnen zu schaden.	☐	☐
■ Jemand richtet an Ihrem Arbeitsplatz und/ oder Zuhause Schaden an.	☐	☐

Wenn Sie eine oder mehrere Aussagen mit Ja beantwortet haben, kann grundsätzlich eine Mobbing-Situation vorliegen. Doch erst wenn weitere Faktoren hinzukommen, ist es gerechtfertigt, tatsächlich von Mobbing zu sprechen. In diesem Zusammenhang können Ihnen die in einem Konflikt-Tagebuch (siehe hierzu das Kapitel „Konflikte erkennen und einschätzen") notierten Aufzeichnungen helfen. Sind die Notizen ausführlich genug, so können sich nach einer genauen Lektüre mögliche Anfänge und Zusammenhänge der Auseinandersetzungen erkennen lassen und damit eine bessere Unterscheidung zwischen Konflikt und Mobbing ermöglichen.

- Überlegen Sie, ob die entsprechenden Erlebnisse in den letzten sechs Monaten mindestens einmal in der Woche vorkamen.
- Lässt sich zudem eine Absicht konkretisieren, dass dies mit dem Ziel erfolgte, Sie aus Ihrem Arbeitsbereich auszugrenzen?

Auswertung

Wenn Sie auch diese beiden Fragen mit Ja beantworten können, ist es höchstwahrscheinlich, dass Mobbing vorliegt.

Konflikte bieten im Unterschied zum Mobbing den Vorteil, dass sie – bei aller Intensität der Auseinandersetzung – weitestgehend kalkulierbar bleiben. In der Regel sind sie in einem Interessenunterschied oder einer Meinungsverschiedenheit begründet und deshalb rationalen Argumenten zugänglich.

Der Anteil emotionaler Befindlichkeiten (z.B. Ängste, Enttäuschung, Neid, Wut) ist bei Mobbing und seinen unterschiedlichen Ausprägungen wesentlich größer, so dass sich ein unfaires Miteinander häufig auch einer sachlichen Problemlösung entzieht. Stellen Sie fest, dass Sie von Mobbing betroffen sind, sollten Sie sich externe Hilfe suchen (siehe dazu auch das Kapitel „Mit Konflikten umgehen").

Konflikte als Chance sehen

Zweck: Vor- und Nachteile eines Konflikts erkennen und abwägen

Dauer: ca. 30 Minuten

Beschreibung

Konflikte – so unangenehm sie auch sein mögen – sorgen für eine Klärung der Verhältnisse – im Berufs- wie Privatleben. Sie haben daher nicht nur Nachteile, sondern können auch Perspektiven eröffnen. Sie sollten daher bei jedem Konflikt auch überlegen, welchen Gewinn es bringen würde, wenn Sie sich auf ihn einlassen – also nicht vor ihm fliehen – und so eine unklare Situation „bereinigen".

Zeichnen Sie auf einem DinA4-Blatt zwei Spalten wie folgt:

Konflikt:	
Vorteile	**Nachteile**

Eine in zwei Spalten geteilte Seite hilft bei der Gegenüberstellung entsprechender Vor- und Nachteile und schärft damit den Blick für das weitere Vorgehen.

Tragen Sie nun die Vor- und Nachteile ein, die ein ausgetragener Konflikt für Sie und Ihr Umfeld haben könnte.

Denken Sie dabei nicht nur an Ihre ganz persönliche Arbeits- und Lebenszufriedenheit, sondern auch an das Betriebsklima.

Konkret: Klären Sie, welche Auswirkungen ein gelebter Konflikt auf Ihre eigene Arbeitsleistung und Motivation wie auch auf die Produktivität und Zufriedenheit von Kollegen und Mitarbeitern hat.

Auswertung

Mithilfe dieser Übung erkennen Sie, dass Konflikte durchaus auch Chancen eröffnen, etwa die Möglichkeit zur Veränderung. In vielen Firmen und Verwaltungen können Konflikte beispielsweise dazu beitragen, verkrustete Strukturen aufzubrechen und längst überfällige Innovationen auf den Weg zu bringen. In diesem Zusammenhang wären dann auch konfliktträchtige Arbeitsbeziehungen zu hinterfragen und unter Umständen neu zu gestalten. Bei vielen Konflikten überwiegen sogar die Vorteile, so dass mögliche Nachteile durchaus zu verschmerzen sind.

Allerdings können Ihre Überlegungen bei dieser Übung auch zur Einsicht führen, dass sich nicht jeder Konflikt lohnt. Dies gilt insbesondere dann, wenn Sie erkennen, dass Sie gegen einen an Einfluss und Erfahrung überlegenen Gegner kaum eine Perspektive haben werden, sich erfolgreich zu behaupten. Und selbst wenn die Chancen besser stehen – mancher Konflikt ist es nicht wert, ihn auszutragen, weil er zu viel Kraft kosten und letztendlich nur Verlierer produzieren würde.

Gründe für Konflikte erkennen

Zweck: Besseres Einschätzen der Ursachen für Konflikte

Dauer: ca. 20 Minuten

Beschreibung

Die Gründe, warum es zu Konflikten kommt, sind vielfältig. Die folgende Checkliste nennt häufige Ursachen für Auseinandersetzungen am Arbeitsplatz. Führen Sie sich einen konkreten Konflikt vor Augen und schätzen Sie dann ein, welcher der in der Tabelle genannten Gründe relevant ist und welcher nicht. Mehrfachnennungen sind möglich. Die spontane Einschätzung kann Ihnen helfen, die Entstehung einer Konfliktsituation besser zu verstehen.

Grund	Ist bei einem Konflikt	
	entscheidend	nicht entscheidend
1. Es gibt unterschiedliche Einschätzungen der Arbeitssituation.		
2. Die Ergebnisse meiner Arbeit werden aus meiner Sicht nicht „richtig" beurteilt.		
3. Die Beteiligten sind von einer bestimmten Situation am Arbeitsplatz unterschiedlich betroffen.		

Grund	Ist bei einem Konflikt	
	entscheidend	nicht entscheidend
4. Es liegen zu unterschiedliche Erfahrungen, Kenntnisse und Fähigkeiten vor.		
5. Einstellungen und Ziele von Vorgesetzten, Mitarbeitern und/oder Kollegen stimmen nicht mit meinen eigenen überein.		
6. Ich kann meine Erwartungen an die eigene Rolle nicht erfüllen.		
7. Die für eine optimale Arbeit erforderlichen Ressourcen fehlen oder sind ungleich verteilt.		
8. Es gibt keine klaren Spielregeln im Umgang miteinander.		
9. Die Chemie zwischen mir und meinem/n Vorgesetzten, Mitarbeitern und/oder Kollegen stimmt nicht; wir können uns nicht „riechen".		
10. Es gibt (Lebens-)Krisen, die einen Beteiligten derart belasten, dass er schnell aus der Haut fährt.		

Auswertung

- Treffen die Aussagen 1 und 3 zu, so wird es schwierig sein, konkrete Ursachen zu benennen.
- Haben Sie die Aussagen 5, 6 und 10 als entscheidend für den Konflikt gewertet, liegt der Grund für einen Konflikt bei Ihnen selbst.
- Sind die Aussagen 4 und 9 entscheidend, dann liegt die Ursache bei Ihren Kollegen.
- 8 und 9 sprechen für ein schwieriges Miteinander.
- Trifft die Aussage 2 zu, dann sind die Gründe bei Ihrem Vorgesetzten zu suchen.
- Die Arbeitsbedingungen sind Ursache, wenn die Aussage 7 ausschlaggebend ist.

Wahrscheinlich haben Sie erkennen müssen, dass es für Konflikte nicht nur einen einzigen Grund gibt. Meist sind es mehrere und sich gegenseitig bedingende Ursachen, die zu Auseinandersetzungen führen. Stellen Sie bei Mehrfachnennungen fest, ob es zwischen den einzelnen Gründen Zusammenhänge gibt. Was sich auf den ersten Blick als problematisch darstellt, kann sich im Alltag als hoffnungsvolle Perspektive erweisen: Ebenso wie es verschiedene Gründe für Konflikte gibt, so existieren oft auch unterschiedliche Ansatzpunkte diese einzudämmen oder zu beenden.

Mitverantwortung klären

Zweck: Analyse des eigenen Beitrags zum Konflikt

Dauer: ca. 20 Minuten

Für diese Übung brauchen Sie eine zweite Person.

Beschreibung

Hand auf's Herz: Sind bei Konflikten immer nur die anderen Schuld? Oder gibt es vielleicht auch bei Ihnen die ein oder andere Eigenheit, die Vorgesetzte, Mitarbeiter oder Kollegen dazu verleitet, Sie als unkollegial anzusehen und Ihr Verhalten auf unfaire Art zu sanktionieren? Haben Sie möglicherweise den Eindruck erweckt, Sie seien ein „echtes" Opfer und nicht in der Lage sich zu wehren? Oder haben Sie vielleicht – ohne es zu wissen – Feinde, die sich an Ihnen rächen wollen?

In manchen Situationen sind wir immun gegenüber Selbstkritik. Dann hilft nur noch die Meinung eines guten Freundes oder einer anderen Person, die uns über Jahre kennt – und die ehrlich genug ist, alle unsere Eigenheiten und Marotten zu thematisieren.

Machen Sie den Test: Nehmen Sie sich gemeinsam mit Ihrer Vertrauensperson 10 Minuten Zeit und schreiben Sie jeweils getrennt voneinander auf, welche Ihrer Eigenheiten zu dem aktuellen Konflikt beitragen könnten. Diskutieren Sie dann das Ergebnis des jeweils anderen.

Auswertung

Die Unterschiede zwischen Eigen- und Fremdwahrnehmung werden Sie in Erstaunen versetzen!

Schnell sind wir dabei, andere Personen für Auseinandersetzungen verantwortlich zu machen. Unseren eigenen Anteil am Konfliktgeschehen aber können oder wollen wir nicht wahr-haben. Viele Konflikte entstehen nämlich nicht selten als Reaktion auf das nur wenig kooperative und teamfähige Verhalten einzelner Mitarbeiter. Wer in dieser Weise Anpassungsschwierigkeiten zeigt, gilt bei seinen Kollegen schnell aus Auslöser von Auseinandersetzungen und Interessenkonflikten.

Die Selbstanalyse kann helfen, entsprechende Annahmen auf ihren Wahrheitsgehalt hin abzuklopfen. Erst wenn ein kritisches Hinterfragen des eigenen Verhaltens keine Erklärung für das Aufkommen von Konflikten erbracht hat, ist es gerechtfertigt, andere dafür verantwortlich zu machen.

Aufschieben vermeiden

Zweck: Angehen von Problemen

Dauer: ca. 20 Minuten

Beschreibung

Es kommt häufig vor, dass Menschen von der Menge zu erledigender Probleme überfordert sind – und diese aussitzen. Kein Wunder, wenn dann aus Problemen Konflikte werden, die aus Angst vor den Konsequenzen wiederum nicht angegangen werden. Damit dieser Fall bei Ihnen nicht eintritt, gehen Sie in vier Schritten vor:

1 Probleme identifizieren: Notieren Sie, welche Probleme zu unerledigten Konflikten geworden sind. Unterscheiden Sie dabei der Übersicht halber vier Gruppen: Arbeit – Miteinander am Arbeitsplatz – Finanzen – Privatleben

2 Gründe finden: Notieren Sie, welche Gründe es sind, die Sie eine Problemlösung immer wieder aufschieben lassen. Fehlt z.B. die Lust, die Unterstützung, die Zeit oder sind es einfach zu viele Aufgaben? Fragen Sie sich auch, welche Rolle Ihr privates Umfeld dabei spielt!

3 Maßnahmen feststellen: Klären Sie, welche Maßnahmen Ihnen dabei helfen könnten, die „Aufschieberitis" zu vermeiden, z.B. mehr Konsequenz bei der Aufgabenerledigung, weniger Perfektionismus, mehr Unterstützung von Seiten Dritter.

4 Aufgaben definieren: Legen Sie eine To-do-Liste mit Prioriäten an, aufgrund der Sie die Aufgaben Punkt für Punkt abarbeiten.

Auswertung

Menschen neigen dazu, unangenehme Dinge vor sich her zu schieben – den Zahnarztbesuch ebenso wie die Aussprache zur Klärung eines Konfliktes. Die Gründe, die dahinter stehen, sind vielfältig; häufig sind es (Versagens)Ängste, die dazu führen, dass Sachen unerledigt liegen bleiben. Die Befürchtung, weder den eigenen Ansprüchen noch denen anderer Menschen gerecht werden zu können, aber auch die Angst etwas falsch zu machen oder überfordert zu sein – all dies führt in Kombination mit hohen Erwartungen (Perfektionismus) schnell zu chronischer „Aufschieberitis". Erfahrungsgemäß lassen sich solche Herausforderungen mit Hilfe der sogenannten Salami-Taktik bewältigen. Gemeint ist damit die Aufteilung einer größeren Aufgabe in mehrere kleinere Teilaufgaben und mit Wissen um die Gründe für das Aufschieben ein schrittweises Abarbeiten der benannten Teilaufgaben. Dies gilt insbesondere für Aufgaben, die nicht eben mal nebenbei zu erledigen sind, sondern einen größeren Aufwand und mehr Zeit erfordern. Indem Sie Scheibchen für Scheibchen vorgehen, werden Sie nicht vom großen Ganzen erschlagen.

Sich auf Konflikte einstellen

Es ist natürlich besser, Konflikten vorzubeugen als diese zu erleben. Doch nicht immer lassen sich Differenzen vermeiden. Dann ist es sinnvoll, sich auf mögliche Konflikte einzustellen, damit Sie darauf vorbereitet sind.

Die folgenden Übungen können Ihnen helfen,

- die Vorboten eines Konflikts frühzeitig zu erkennen,
- sich besser auf den Gegner einzustellen,
- Ihre Absichten unmissverständlich zu formulieren,
- eine Kommunikationsstrategie zu entwickeln,
- mit sozialer Kompetenz zu punkten.

Erste Anzeichen eines Konflikts erkennen

Zweck: Konflikte als Führungskraft frühzeitig erkennen

Dauer: ca. 20 Minuten

Beschreibung

Manchmal hat ein unfaires Miteinander am Arbeitsplatz auch damit zu tun, dass man erste Anzeichen zu spät erkennt und keine Gegenmaßnahmen einleitet, wenn sie noch möglich sind. Sie sollten daher Ihren Blick für erste Anzeichen eines möglichen Konflikts anhand folgender Fragen schärfen.

- Gibt es häufiger Meinungsverschiedenheiten zwischen Ihnen und Ihren Kollegen oder zwischen diesen?
- Melden sich Mitarbeiter vermehrt krank?
- Werden wichtige Informationen zu arbeitsbezogenen Themen oft nicht zwischen den Mitarbeitern oder an Sie weitergegeben?
- Flattern Ihnen Versetzungswünsche der Mitarbeiter auf den Tisch?
- Werden über einzelne Mitarbeiter Witze gemacht oder werden Mitarbeiter belächelt?
- Geht ein Kollege immer alleine in die Mittagspause?
- Wirkt ein Mitarbeiter bzw. mehrere demotiviert und antriebslos?

- Lehnen Mitarbeiter es ab, mit einem bestimmten Kollegen im Team zu arbeiten?

Mit allen Fragen, die Sie bejahen, sollten Sie sich näher beschäftigen. Schreiben Sie hierzu alle Details auf, die Ihnen dazu einfallen. Denken Sie auch an Banalitäten und Kleinigkeiten – selbst wenn Sie zunächst keinen Zusammenhang zwischen diesen und einem möglichen Konflikt oder gar Mobbing erkennen. Erst wenn Sie Ihre Eindrücke in chronologischer Reihenfolge genau auflisten, können Sie möglicherweise einen Zusammenhang erkennen.

Auswertung

Die Fragen aus dieser Übung helfen dabei, sich anbahnende Konflikte auch im Alltagsgeschehen leicht zu erkennen.

Berücksichtigen Sie dabei Folgendes: Während Konflikte meist auf einen konkreten Anlass zurückzuführen sind, werden unfair ausgetragene Auseinandersetzungen durch eine Vielzahl unscheinbarer Aktionen bestimmt. Erst eine genaue Rückschau lässt ein Muster wiederholter Attacken und möglicher Zusammenhänge erkennen. Auf dieser Grundlage könnte es gelingen, z. B. Anzeichen für Psychoterror am Arbeitsplatz auszumachen und sich darauf einzustellen.

Zum Kern des Konflikts kommen

Zweck: Ursachen eines Konflikts ergründen

Dauer: ca. 40 Minuten

Beschreibung

Viele Konflikte ähneln Lawinen, denn diese werden auch oft nur durch einen kleinen Anlass wie einem Schneeball ausgelöst. Der Ursprung vieler Konflikte mag in Interessenunterschieden und Meinungsverschiedenheiten begründet sein – oft haben jedoch Gerüchte, Vermutungen und Unterstellungen weitere Nebenkriegsschauplätze eröffnet. In vielen Fällen mischen sich Dritte mit ihren ganz persönlichen Interessen ein. Kommen Anfeindungen und Beleidigungen hinzu, so wird es schwierig, den ursprünglichen Kern des Konfliktes aufzudecken, um zu einer konstruktiven Lösung zu kommen.

Aus diesem Grund ist es sinnvoll, die konträren Standpunkte freizulegen und vom Ballast irrelevanter Begleitumstände zu befreien. Die folgende in Schritten ablaufende Übung kann den Blick hierfür schärfen: Stellen Sie sich eine Zwiebel vor. So, wie Sie bei dieser Schale für Schale entfernen, so sollten Sie durch folgende Vorgehensweise versuchen, den Grund des Konfliktes zu konkretisieren.

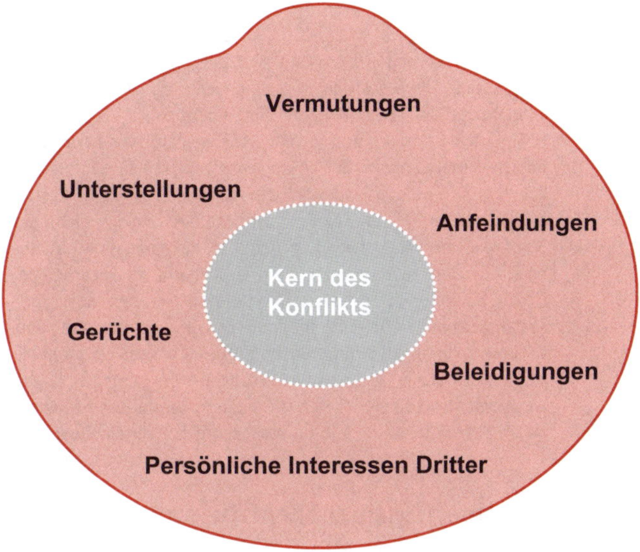

Schicht für Schicht zum Kern des Konflikts

1. Schritt: Konfliktsituation beschreiben

Beschreiben Sie in höchstens 12 bis 15 Sätzen auf maximal einer Din-A4-Seite die Konfliktsituation; benennen Sie dabei stichwortartig Beteiligte, Hintergründe und Rahmenbedingungen.

Beispiel

Andrea Müller und Niklas Klug sind beide Geschäftsführungsassistenten. Sie beschuldigen sich gegenseitig, die Eintragung eines wichtigen Termins in den Sitzungskalender vergessen zu haben. Beide machen den jeweils anderen dafür verantwortlich. In der Vergangenheit kam es auch bei anderen Versäumnissen zum Streit darüber, wer für konkrete Aufgaben zuständig ist. Frau Müller tituliert Herrn Klug mittlerweile als „karrieresüchtigen Streber"; Herr Klug äußert gegenüber Kollegen, Frau Müller habe eher ihre modische Erscheinung im Kopf als Sachthemen. Geschäftsführer Meier, ihr direkter Vorgesetzter, bezieht zu diesen Angelegenheiten keine Stellung. Er will nur, dass das nicht wieder vorkommt und hat erbost angekündigt, dass ein erneutes Versäumnis dieser Art personalrechtliche Konsequenzen haben wird. Seitdem kommunizieren die beiden Assistenten – obwohl sie im selben Büro sitzen – nur noch schriftlich miteinander.

2. Schritt: Überflüssiges identifizieren

Überlegen Sie, welche Informationen und Umstände vom eigentlichen Kern des Konflikts ablenken und deshalb aus dieser Beschreibung zu streichen sind (im Beispiel: die Äußerungen des Geschäftsführers, die Äußerungen der Mitarbeiter über den jeweils anderen).

3. Schritt: Relevantes herausarbeiten

In einem nächsten Step überlegen Sie anhand Ihrer ursprünglichen Konfliktskizze, welche Aspekte wirklich relevant sind (im Beispiel: zwei Assistenten haben dieselben Aufgaben, die Zuständigkeiten sind nicht geklärt).

Bei komplexen Sachverhalten kann es erforderlich sein, diese Zwiebeltaktik noch einmal zu durchlaufen. Stellen Sie sich dann wiederum die Frage, welche weiteren Sachverhalte den eigentlichen Konflikt überlagern und welche dagegen von zentraler Bedeutung sind. Allmählich kristallisiert sich so der Kern des Problems heraus (im Beispiel: solange die Zuständigkeiten nicht geklärt werden, werden die Mitarbeiter immer wieder miteinander in Konflikt geraten). Entscheidend ist, dass Sie in mehreren Etappen die Spreu vom Weizen trennen und so den eigentlichen Kern des Konflikts freilegen.

Der Nutzen der Übung

Bei dieser Übung geht es insbesondere um die Trennung von Ursachen (= Gründen) und Symptomen (= Anzeichen) von Konflikten. Das Hauptaugenmerk richtet sich bei Konflikten eher auf deren oberflächliche Erscheinungsbilder (z.B. Ablehnung, Desinteresse, Kritik, Wutausbrüche) als auf die eigentlichen Ursachen (z.B. persönliche Konkurrenz, nichttransparente Karrierewege). Bewusst und unbewusst inszenierte Nebenkriegsschauplätze lenken somit schnell vom eigentlichen Konfliktfeld ab.

Einen Standpunkt finden

Zweck: Hilfe bei der Entscheidung, wie man sich in Konflikten verhalten soll

Dauer: ca. 40 Minuten

Hilfsmittel: zwei Stühle

Beschreibung

Bei vielen Konflikten sind einfache Lösungen nicht in Sicht. Auch sind die Konsequenzen bestimmter Handlungsoptionen nicht unbedingt absehbar. Es fällt deshalb schwer, sich für eine Position im Konflikt zu entscheiden. In solchen Fällen kann diese Übung helfen.

Nehmen wir an, Sie müssten darüber entscheiden, ob Sie sich auf einen Konflikt mit Ihrem Vorgesetzten einlassen. Es gibt Argumente, die dafür und solche, die eher gegen die Konfrontation sprechen.

1 Platzieren Sie zwei Stühle mit den Rückenlehnen gegeneinander im Raum. Der rechte Stuhl steht für die Pro-Argumente, der linke für die Contra-Meinungen.

2 Nehmen Sie nun auf dem rechten Stuhl Platz und tragen Sie Ihr erstes Pro-Argument vor.

3 Danach wechseln Sie auf den linken Stuhl und tragen dort das Contra-Argument vor.

4 Zurück auf dem rechten Stuhl folgt dann das zweite Pro-Argument, bevor nach anschließendem Wechsel des Stuhls wiederum das Gegenargument vorgetragen wird.

Stellen Sie sich jeweils Ihren Konfliktgegner vor – und sprechen Sie Ihre Argumente laut aus. So verstärken Sie Ihr sinnliches Erleben. Sie können die vorgebrachten Argumente jeweils auch notieren. Entsprechende Aufzeichnungen unterstützen in der Regel die Entscheidungsfindung.

Sollten Ihnen nach einigen Stuhlwechseln die Argumente ausgehen, so halten Sie für kurze Zeit inne und reflektieren Sie Ihre Gefühle. Wohin zieht es Sie eher: auf den rechten (= pro) oder auf den linken (= contra) Stuhl?

Auswertung

Indem Sie das gedankliche Abwägen der Argumente durch den Wechsel Ihres Sitzplatzes und das laute Aussprechen auch sinnlich erfahrbar machen, wird die Differenzierung der Sichtweisen verstärkt – und der Klärungsprozess mit Sicherheit vorangetrieben. Viele Menschen unterschätzen nämlich die Bedeutung emotionaler Aspekte bei der Entscheidungsfindung. Denken Sie z.B. an Kaufentscheidungen im Supermarkt – und seien Sie ehrlich zu sich selbst: Mehr noch als sachliche Überlegungen sind es häufig Erinnerungen an ein gemeinsames Essen, bestimmte Gerüche oder Werbebotschaften, die Sie dazu animieren, bestimmte Lebensmittel zu erwerben.

Nicht viel anders ist es auch bei Konflikten. Können Sie sich zwischen zwei Standpunkten nicht entscheiden, so geben letztlich oft Ihre Gefühle den Ausschlag. Leugnen Sie also nicht Ihr Bauchgefühl – es ist auch beim Umgang mit Konflikten wichtiger als Sie annehmen!

Die Initiative ergreifen

Zweck: Reflexion des eigenen Verhaltens in Konflikten

Dauer: ca. 40 Minuten

Beschreibung

Mit Konflikten angemessen umzugehen, hängt neben gemachten Erfahrungen auch von der Lebenseinstellung und Mentalität jedes Einzelnen ab. Wer z. B. aktiv handelt, kann von Konflikten nicht so leicht überrascht werden. Dies erfordert jedoch:

- Voraussicht, d. h., Sie ahnen, was wahrscheinlich passieren wird und versuchen auf die absehbare Situation frühzeitig Einfluss zu nehmen.
- Eigeninitiative, d. h., Sie entscheiden selbst, was zu tun ist und warten nicht ab, bis andere Ihnen Vorgaben machen.
- Risikobereitschaft, d. h., Sie sind entschlossen, mutig und bereit dafür, mögliche Risiken einzugehen.
- Stressresistenz, d. h., Sie initiieren Situationen, die womöglich belastend sind und müssen den daraus resultierenden Stress aushalten.

Notieren Sie sich diese vier Eigenschaften und schätzen Sie ein, welcher „Typ" Sie sind. Konkret: Sind Sie ein solcher aktiver Typ oder doch eher abwartend und reagierend? Und wie beeinflusst die jeweilige Einstellung Ihre Konfliktfähigkeit?

Um sich Klarheit über diese Punkte zu verschaffen, sollten Sie sich vergangene Konfliktsituationen vor Augen führen und sich dazu folgende Fragen stellen:

- „Habe ich vorausgesehen, ob sich die Konflikte so entwickeln würden?",
- „Habe ich mich bei den Konflikten schnell und unabhängig von der Einflussnahme anderer Personen entschieden?"
- „Wie groß war bei den Konflikten das Risiko, diese zu verlieren?"
- „Wie habe ich die mit den Konflikten einhergehenden Belastungen ausgehalten?".

Auswertung

Auch wenn abwartende und reagierende Menschen in der Regel mehr Zeit haben, die Folgen ihres Handelns abzuschätzen, so erhöht die Unfähigkeit auf eine Konfliktsituation einzuwirken, ohne Zweifel auch die persönliche Unzufriedenheit. Nur eine aktive Herangehensweise – ohne rücksichtslos zu sein – erlaubt es, die eigenen Interessen bei der Problem- und damit Konfliktlösung einzubringen und sich im günstigen Fall auch durchzusetzen. Ergreifen Sie deshalb die Initiative!

Ziele formulieren

Zweck: Analyse der Relation zwischen Ziel und Konflikt

Dauer: ca. 40 Minuten

Beschreibung

Hinter jedem Konflikt stehen unterschiedliche Zielsetzungen der Konfliktparteien. Konflikte können Sie nur dann erfolgreich lösen, wenn Sie wissen, was Sie mit dem Konflikt erreichen wollen und was Ihnen die Zielerreichung wert ist. Oft verlieren wir angesichts einer Konfliktsituation jedoch unser eigentliches Ziel, das wir mit dem Konflikt verfolgten, aus den Augen. Damit das nicht passiert, sollten Sie Ihre Ziele klar und deutlich formulieren, gewichten und einen Zeitraum festlegen, in dem das Ziel erreicht werden sollte.

Mit den folgenden Schritten können Sie Ihr Ziel und seine Wertigkeit definieren.

1. Schritt: Formulieren Sie Ihr Ziel

Werden Sie sich darüber klar, welches Ziel Sie mit dem Konflikt anstreben und formulieren Sie es präzise auf einem Blatt Papier.

2. Schritt: Gewichten Sie Ihr Ziel

Anhand der folgenden Kriterien sollten Sie nun definieren, wie wichtig Ihnen Ihr Ziel ist.

- Ich werde mein Ziel unbedingt durchsetzen, ohne von meiner Position abzurücken (= Maximalziel).
- Ich werde mein Ziel durchsetzen, nehme aber auf die Position der anderen Konfliktpartei Rücksicht.
- Ich bin zu einem fairen Kompromiss bereit.
- Ich werde den Konflikt beilegen, auch auf Kosten meines eigenen Ziels.
- Ich will endlich meine Ruhe haben und bin bereit mein Ziel aufzugeben, um den Konflikt beilegen zu können (= Minimalziel).

Während das Maximalziel das Optimum darstellt und das äußerste beschreibt, was Sie von Ihrem Gegner verlangen können, thematisiert das Minimalziel die absolute Untergrenze von dem, was Sie noch bereit sind, zu akzeptieren.

3. Schritt: Definieren Sie einen Zeitraum zur Zielerreichung

Haben Sie Schritt 2 abgeschlossen, d.h. Ihre Ziele gewichtet, so konzentrieren Sie sich jetzt auf die Zeitperspektive, in der Sie Ihr jeweiliges Ziel erreichen können. Unterscheiden Sie dabei zwischen einer kurz-, mittel- und langfristigen Perspektive.

Können Sie das Ziel kurzfristig, mittel- oder nur langfristig erreichen? Wenn das Ziel nur langfristig erreichbar ist, sollten Sie sich fragen:

- Halten Sie einer länger andauernden Konfliktsituation psychisch und physisch stand?
- Ist es das Ziel wert, dass Sie sich im Dauerclinch befinden?
- Sind Ihre Ziele zu anspruchsvoll?

Auswertung

Diese Übung zeigt Ihnen, ob das von Ihnen mit einem Konflikt verfolgte Ziel es wert ist, weiterverfolgt zu werden. Stellen Sie fest, dass Ihnen das Ziel eigentlich gar nicht so wichtig ist, es aber aufwendig und langwierig wäre, dieses zu verfolgen, dann sollten Sie darüber nachdenken, ob Sie den Konflikt nicht beenden.

Eine Kommunikationsstrategie entwickeln

Zweck: Optimale Vorbereitung auf ein Konfliktgespräch

Dauer: ca. 30 bis 60 Minuten

Beschreibung

Konflikte entstehen oft aus Sprachlosigkeit. Werden Interessenunterschiede und Meinungsverschiedenheiten nicht thematisiert, so kommen sie oft auf andere Weise wieder auf den Tisch. Daher ist eine ehrliche Aussprache besonders wichtig, um tiefgreifende Konflikte gar nicht erst aufkommen zu lassen.

Je besser Sie auf solche Aussprachen vorbereitet sind, desto eher gelingt es Ihnen, im Gespräch selbst eine konstruktive Konfliktlösung zu verfolgen. Mit Hilfe dieser Übung können Sie eine Kommunikationsstrategie für bevorstehende Aussprachen entwickeln.

1. Schritt: Legen Sie Ihre Ziele für das Gespräch fest

Definieren Sie, was Sie mit der Aussprache erreichen wollen.

2. Schritt: Denken Sie mögliche Konfliktlösungs-varianten vor

Welche Wege führen aus dem Konflikt? Welche Varianten sind für Sie denkbar? Was sind jeweils die Voraussetzungen, diese Wege zu beschreiten? Skizzieren Sie die Wege und Argumente, die für und gegen diese sprechen. Definieren Sie, was Ihre Ideallösung und ein möglicher Plan B wäre.

3. Schritt: Planen Sie Ort und Zeit der Aussprache

Wann und wo ist eine Aussprache am günstigsten? Insbesondere sensible Themen sollten Sie nicht zwischen Tür und Angel besprechen, sondern in einer angenehmen, ruhigen Atmosphäre mit ausreichend Zeit.

4. Schritt: Überlegen Sie sich, wie Sie eine Aussprache beginnen wollen

Mit einem gelungenen Einstieg in das Konfliktgespräch ist bereits viel gewonnen. Versetzen Sie sich dabei in Ihr späteres Gegenüber: Ist es besser, das Problem direkt und schonungslos anzusprechen oder braucht Ihr Gegenüber erst einmal Zeit, um warm zu werden?

Notieren Sie alle Ihre Vorgehensweise betreffenden Punkte und entwickeln Sie so eine schriftliche Strategie. Verstricken Sie sich dabei nicht in Details; es geht hier zunächst nur um die Entwicklung einer grundlegenden Kommunikationsstrategie, mit der Sie punkten können.

Zum Nutzen dieser Übung

Eine gute Vorbereitung ist der erste Schritt zum Erfolg – dies gilt für Expeditionen ebenso wie für die Lösung von Konflikten. Indem Sie eine bevorstehende Aussprache gedanklich vorbereiten, bringen Sie sich in eine gute Ausgangsposition für die Konfliktklärung. Dies hilft dabei, sich im Gespräch nicht irritieren zu lassen. Sie gehen anhand Ihrer Strategie zielgerichtet vor und behalten dabei die Fäden in der Hand.

Vertrauen in die eigene Stärke gewinnen

Zweck: Selbstwertgefühl aufbauen

Dauer: ca. 30 Minuten

Hilfsmittel: Karteikarte

Beschreibung

Um Konfliktsituationen erfolgreich zu bestehen, bedarf es eines gesunden Selbstvertrauens. Doch nicht jeder verfügt darüber – schlimmer noch: Oft bestimmen Selbstzweifel und Unsicherheiten das eigene Verhalten. Das sind Eigenschaften, die in Konfrontationen mit anderen nicht sehr hilfreich sind. Doch wie gelingt es, dass Sie (wieder) an sich glauben und Vertrauen in die eigene Stärke entwickeln? Um Ihr Selbstwertgefühl (wieder) aufzubauen, kann diese einfache Übung hilfreich sein, die mit Ihrer Vorstellungskraft arbeitet und Sie auf Erfolg programmiert.

Denken Sie an Situationen, in denen Sie sich und Ihre Interessen erfolgreich behaupten konnten. Suchen Sie in Ihrer Erinnerung fünf solcher Erfolgserlebnisse (z.B.: sich gegenüber Geschwistern durchgesetzt; schwierige Prüfung bestanden) und schreiben Sie diese auf eine Karteikarte.

1. Führen Sie sich diese Erlebnisse ganz bewusst vor Augen. Fühlen Sie noch einmal den Stolz und die Freude über sich, die Sie damals empfunden haben.

2 Überlegen Sie, warum Sie diese konkreten Erfolge erreicht haben. Welche Ihrer Stärken hat dazu beigetragen, dass Sie entsprechende Erfolge verbuchen konnten? Schreiben Sie auch diese Stärken auf die Karte.

Zum Nutzen dieser Übung

Natürlich sind entsprechende Überlegungen und Aufzeichnungen kein Patentrezept, um sofort wieder vor Selbstvertrauen zu strotzen. Sie helfen jedoch dabei, an positive Erlebnisse anzuknüpfen und – statt an Niederlagen zu denken – die eigenen Stärken zu stärken. Und dies ist gerade in Konfliktfällen wichtig: Auseinandersetzungen entstehen zu großen Teilen in den Köpfen der Beteiligten. Deren Einstellungen und Erfahrungen können durchaus über Erfolg oder Misserfolg bei Konflikten entscheiden. Deshalb kommt es darauf an, Negativdenken zu vermeiden und sich positive Erlebnisse und persönliche Erfolge immer wieder ins Gedächtnis zu rufen. Je mehr Erfolgserlebnisse Sie sich in Erinnerung rufen und je häufiger Sie sich diese vor Augen führen, desto leichter wird es Ihnen fallen, Ihr Selbstvertrauen zu entwickeln. Auf einer Karteikarte stichwortartig zusammengefasst und an einigen Stellen in der Wohnung gut sichtbar angebracht (z.B. am Küchenschrank oder/und am Badezimmerspiegel), bietet sich jederzeit die Möglichkeit, entsprechende Positiverlebnisse ins Bewusstsein zu rufen. So kann es im Hinblick auf kommende Konflikte durchaus gelingen, sich auf Erfolg zu „programmieren".

Schüchtern sein gilt nicht

Zweck: Negative Überzeugungen überwinden

Dauer: je nach Übungsbedarf

Beschreibung

Wer Schwierigkeiten hat, auf andere Menschen zuzugehen und Kontakte zu knüpfen, der kann sich meist auch nicht gegen ungerechtfertigte Angriffe wehren oder im Ernstfall seine Meinung durchsetzen. Eine solche Zurückhaltung schwächt bei Konflikten die eigene Position.

Mit dieser praktischen Übung können Sie Ihre Schüchternheit schrittweise ablegen. Gehen Sie dazu wie folgt vor:

1. Überlegen Sie, welche Person Sie aus Ihrem beruflichen oder privaten Umfeld bisher nur vom Sehen kennen und denen Sie regelmäßig begegnen. Das kann der Pförtner sein, die Kollegin in der Kantine, die Reinigungskraft im Büro oder der Nachbar von gegenüber. Suchen Sie sich eine dieser Personen als „Übungsperson" aus.
2. Stellen Sie den Kontakt zu Ihrer „Übungsperson" her, zunächst nur in Form einer kurzen Begrüßung. Denken Sie in dieser Situation nicht viel darüber nach, wie Sie auf Ihr Gegenüber wirken. Auch nicht, welche negativen Erfahrungen Sie bei vergleichbaren Kontaktaufnahmen bereits gemacht haben.
3. Wenn die Begrüßung der Übungsperson Sie keine Überwindung mehr kostet, gehen Sie zum nächsten Schritt

über. Suchen Sie einen möglichen Anknüpfungspunkt für ein kurzes Gespräch. Greifen Sie dabei auf zuvor festgelegte Einstiegssätze zurück. Sprechen Sie z. B. unverfängliche Themen wie das Wetter, den Urlaub oder die Anfahrt zur Arbeit an. Bleiben Sie dabei authentisch, seien Sie also weder zu kurz angebunden noch zu vertrauensselig. Zwei bis drei Sätze reichen für ein solches erstes beiläufiges Gespräch. Verabschieden Sie sich freundlich, z. B. mit dem Wunsch für einen guten Start in den Tag oder ein schönes Wochenende.

Wiederholen Sie diese Schritte bei weiteren Übungspersonen. Sie werden bald feststellen, dass Sie so für Kommunikationssituationen eine gewisse Routine entwickeln und das Vertrauen in Ihr eigenes Verhalten festigen.

Variante

In einer späteren Phase, wenn Sie bereits sicher im Ansprechen von anderen sind, können Sie Ihr Training auch intensivieren; etwa indem Sie aktiv die Aufmerksamkeit anderer Personen auf sich ziehen.

Versuchen Sie z. B. Folgendes: Drängeln Sie sich in der Kantine mit dem Hinweis, dass Sie es besonders eilig haben, vor. Andere Wartende werden sich umdrehen und Sie, wenn auch nicht mündlich, so doch mit Blicken strafen. Halten Sie diese Situation aus und lassen Sie sich von Ihrem Vorhaben nicht abbringen. Sie werden sehen, dass nach mehreren solcher Situationen, die Sie überstanden haben, Ihre Schüchternheit immer weiter schwindet.

Zum Nutzen dieser Übungen

Schüchternheit und Zurückhaltung machen es vielen Menschen schwer, ihren Standpunkt zu vertreten und sich in Konfliktsituationen zu behaupten. Im Mittelpunkt zu stehen und Teil einer Auseinandersetzung zu sein, wird dabei als besonders unangenehm empfunden.

Wer in dieser Weise auf Kontakte verzichtet, hat oft schon in seiner Kindheit eine negative Verstärkung erfahren. Wahrscheinlich hieß es damals: „Das kannst du nicht!" oder „Für dich ist das doch zu schwer!" oder „Siehst du, ich wusste doch, dass das schief geht!". Wer schon früh derartigen Einflüsterungen ausgesetzt war, wird sie auch in das Erwachsenenleben mitnehmen – und nur schwer ignorieren können.

Destruktive Glaubenssätze dieser Art führen zu Selbstzweifeln und machen uns das Leben schwer. Es gilt daher sie zu überwinden. Dies gelingt am besten durch positive Erfahrungen. Werden aus Problemen z.B. besondere Herausforderungen und aus Misserfolgen wichtige Lerneffekte, so verlieren negative Glaubenssätze ihre bremsende Wirkung.

Beziehungspflege

Zweck: (Wieder-)Aufbau eines konstruktiven Miteinanders

Dauer: 30 bis 60 Minuten

Für diese Übung brauchen Sie eine zweite Person.

Beschreibung

Wer Konflikte lösen will, muss zu seinem Gegenüber eine Beziehung aufbauen, die ein sachliches Gespräch ermöglicht. Dort, wo nur noch schriftlich oder über Dritte miteinander kommuniziert wird, besteht kaum mehr eine Chance für eine Konfliktschlichtung. Die Bereitschaft und die Fähigkeit, zunächst eine Beziehungs- und dann eine funktionierende Gesprächsebene zu etablieren, sind also Voraussetzungen für die Beilegung eines Konflikts. Die Beziehungsfähigkeit beider Konfliktparteien entscheidet darüber, ob aus einem Gegen- ein Miteinander wird! Das setzt voraus:

- Fairness und Offenheit statt Argwohn und Misstrauen,
- den Aufbau einer längerfristigen Beziehungsebene statt eines kurzfristigen Taktierens,
- die Abkehr von einer Sieger-Verlierer-Mentalität hin zu einem gemeinsamen Win-win-Verständnis sowie
- die ehrliche Suche nach einer Zusammenarbeit zum Nutzen beider (Konflikt)Parteien.

Ziel muss es also sein, (wieder) eine solche Atmosphäre herzustellen und diese aufrechtzuerhalten. Diese Übung soll

Sie für eine solche partnerschaftliche Konfliktlösung sensibilisieren.

1. Schritt: Ermittlung des Status Quo

Wie stehen Sie zu Ihrem Konfliktgegner? Die Beantwortung folgender Fragen kann Ihnen helfen, Klarheit über die derzeitige Beziehung zur gegnerischen Konfliktpartei zu gewinnen. Kreuzen Sie hierzu die zutreffende Prozentzahl an.

1. Wie zufrieden sind Sie mit der gegenwärtigen Kommunikation?

20 %	40 %	60 %	80 %	100 %

2. Wie fair ist der Umgang miteinander?

20 %	40 %	60 %	80 %	100 %

3. Teilen Sie bestimmte Grundüberzeugungen?

20 %	40 %	60 %	80 %	100 %

4. Wie groß ist das Vertrauen zu Ihrem Gegenüber?

20 %	40 %	60 %	80 %	100 %

5. Glauben Sie daran, dass sich die aktuelle Konfliktsituation zum Guten wenden lässt?

20 %	40 %	60 %	80 %	100 %

6. Gibt es Perspektiven für eine gemeinsame Zukunft?

20 %	40 %	60 %	80 %	100 %

Sie werden feststellen: Nur sehr selten werden Sie die Varianten 80 oder 100 Prozent angekreuzt haben. Dies wäre auch in einer latenten Konfliktsituation unrealistisch. Haben Sie jeweils nur 40 oder gar 20 Prozent angekreuzt, so sollten Sie sich ernsthaft Gedanken machen, wie Sie das Verhältnis zu Ihrem Gegenüber aktiv verbessern können.

2. Schritt: Analyse der Verbesserungsmöglichkeiten

Benennen Sie ausgehend von Ihrer Konfliktsituation vier Möglichkeiten, wie Sie (wieder) zu einer besseren Gesprächsebene finden können, und besprechen Sie diese dann mit Ihrem Konfliktgegner. Hier ein paar Anregungen:

- regelmäßige Gesprächstermine,
- die Offenlegung eigener Ziele,
- das Aufzeigen von Gemeinsamkeiten,
- mehr Zeit für persönliche Treffen,
- eine bessere Vorbereitung der Gespräche,
- die Protokollierung der Gespräche
- die Einbeziehung eines Konfliktschlichters (Mediators)
- eine Gesprächspause von sechs Wochen um die angespannte Atmosphäre zu beruhigen.

Denkanstöße können hier sicherlich auch von einem mit dem Konflikt vertrauten Gesprächspartner oder Coach kommen.

Den Gegner einschätzen

Zweck: Besseres Kennenlernen der Konfliktpartei

Dauer: 30 bis 60 Minuten

Für diese Übung brauchen Sie eine zweite Übungsperson.

Beschreibung

Wie bei einem Boxkampf, so ist es auch bei einem Konflikt wichtig, seinen Gegner genau zu kennen, um seine Reaktionen besser einschätzen zu können. Wenn er aus dem beruflichen Umfeld kommt, sollte dies mit etwas Recherche keine Schwierigkeiten bereiten.

1. Schritt: Was sollten Sie über die Konfliktpartei wissen?

Überlegen Sie, ausgehend vom Konflikt, was Sie über die gegnerische Konfliktpartei wissen müssen, so z. B.:

- Welche Ziele verfolgt sie und was will sie erreichen?
- Wie reagiert sie? Bleibt Ihr Gegenüber realistisch oder muss mit „überzogenen“ Reaktionen gerechnet werden?
- Welcher Persönlichkeitstyp ist Ihr Gegenüber – ein eher sachlicher oder ein besonders emotionaler Mensch? Ist er kompromissbereit oder wird er seine Position bis zum „bitteren Ende“ vertreten?
- Wie gut sind Sie Ihrem Gegenüber bekannt und was hält Ihr Konfliktgegner wohl von Ihnen?

2. Schritt: Woher bekommen Sie diese Informationen?

Wenn Sie sich darüber im Klaren sind, was Sie über Ihren Konfliktgegner wissen müssen, sollten Sie sich Gedanken darüber machen, wie Sie an diese Informationen kommen.

- Ist es sinnvoll, die Nähe zu Ihrem Gegner zu suchen (z.B. in der Kantine), um sein Verhalten besser kennenzulernen?
- Gibt es persönliche Erfahrungen aus zurückliegenden Zeiten?
- Können Sie auf die Erfahrungen anderer Personen zurückgreifen?

3. Schritt: Interpretieren Sie die gewonnenen Informationen

Die Sammlung von Informationen ist ein Teil der Gegneranalyse – ein anderer ist deren Interpretation. Ziehen Sie zu diesem Zweck einen Vertrauten hinzu, der Ihnen hilft, Ihre Erkenntnisse zu interpretieren und für das eigene Verhalten „einzuordnen".

Handelt es sich bei Ihrem Gegner um einen neuen Vorgesetzten, Kollegen oder Mitarbeiter, so ist es von Vorteil, dessen Einstellung, Motivation und Verhalten einschätzen zu können. Stellt sich z.B. heraus, dass Ihr Gegenüber auch in seiner früheren Abteilung bzw. Firma im Hinblick auf Konflikte kein unbeschriebenes Blatt ist, so müssen Sie sich auf eine andere Auseinandersetzung einstellen als bei einem Beschäftigten, der sich in den ersten Tagen seiner neuen Rolle als Führungskraft bewusst Respekt verschaffen will. Während dessen Unsicherheit möglicherweise durch Kommunikations- und Kooperationsangebote abgebaut werden kann, ist die Motivlage bei einem streitsüchtigen Neuling weniger gut einzuschätzen. Deshalb ist bei diesem größere Vorsicht geboten.

Ein Fallstrick lauert bei gut bekannten Konfliktgegnern: Da Ihnen deren Eigenheiten seit langem vertraut sind, besteht die Gefahr, dass Sie Ihre bisherigen Erfahrungen nicht mehr hinterfragen und sie einfach fortschreiben. Versuchen Sie daher, einmal gewonnene Eindrücke nicht zu verfestigten Vorurteilen werden zu lassen. Denken Sie daran: Auch Ihr Konfliktgegner kann zu neuen Einsichten gelangen und sich ändern – gut, wenn Sie dies berücksichtigen.

Welcher Persönlichkeitstyp ist Ihr Gegner?

Zweck: Einstellen auf mögliche Reaktionsweisen des Gegners

Dauer: 15 Minuten

Beschreibung

Die vorherige Übung hat gezeigt: Je mehr Sie über Ihren Gegner wissen, desto besser können Sie dessen Reaktionen einschätzen. Aufschluss über mögliche Reaktionsweisen Ihres Gegenübers erhalten Sie auch, indem Sie sich über dessen Persönlichkeit Gedanken machen. Natürlich sollten Sie sich davor hüten, Menschen in „Schubladen" zu packen; manchmal aber hilft es, sich auf typische Verhaltensmuster bestimmter Charaktere einzustellen. In diesem Sinne soll Sie diese Übung auf den Umgang mit solchen immer wieder vorkommenden Persönlichkeitstypen vorbereiten.

Welche Aussagen treffen am ehesten auf Ihren Konfliktgegner zu? Kreuzen Sie fünf Antwortmöglichkeiten an.

ängstlich bei Veränderungen (H)	nüchtern und sachlich (P)	zurückhaltend (P)
beeindruckt andere gern (S)	strategisch denkend (U)	Einzelgänger (U)
distanziert (U)	sicherheitsbedürftig (P)	detailverliebt (P)
eher abwartend gegenüber Neuem (P)	selbstbewusst (S)	ungeduldig (S)
energisch (S)	geduldig (H)	starkes Sicherheitsbedürfnis (H)

entgegenkommend (H)	pedantisch (P)	ordnungsliebend (P)
genau (P)	temperamentvoll (S)	dominant (S)
gern im Mittelpunkt (S)	kommunikativ (H)	kann gut zuhören (H)
sehr emotional (H)	kühl (U)	scheut die Öffentlichkeit (U)
zeigt nur wenig Emotionen (U)		

Zählen Sie nun die Buchstaben zusammen, die in der Tabelle oben hinter den Attributen stehen. Wie viele H, S, U, P zählen Sie jeweils?

H	
S	
U	
P	

Auswertung

Sind Ihnen bestimmte Verhaltensweisen bewusst, so können Sie sich in Konfliktgesprächen auf die entsprechenden Persönlichkeiten besser einstellen:

- Die S überwiegen: Höchstwahrscheinlich haben Sie es mit einem Selbstdarsteller zu tun. Es macht keinen Sinn einem dominanten Gegenüber wie dem Selbstdarsteller rechthaberisch zu widersprechen – Sie werden kaum damit rechnen können, Zustimmung zu finden. Erfolgreicher wäre es, zunächst Gemeinsamkeiten zu betonen, um dann geschickt den eigenen Standpunkt einzuflechten. Auf diese Weise lässt sich ein frontales Gegeneinander vermeiden, bei dem der Konflikterprobtere, der der Selbstdarsteller meist ist, die besseren Karten hat.

- Die P überwiegen: Sie haben es vermutlich mit einem Perfektionisten zu tun. Sachliche Mitmenschen wie der Perfektionist sehen Konflikte eher nüchtern; der Appell an Einsicht und Mitgefühl wird bei ihnen kaum zum Erfolg führen. Statt langwieriger emotionaler Diskussionen sorgen klare, möglichst durch trockene Zahlen belegte Standpunkte für den notwendigen Respekt und erhöhen damit seine Bereitschaft, den bestehenden Konflikt gemeinsam zu lösen.
- Die H überwiegen: Ihr Gegenüber ist mit großer Wahrscheinlichkeit ein Harmoniesüchtiger. Für beziehungsorientierte Menschen wie den Harmoniesüchtigen ist ein harmonisches Miteinander am Arbeitsplatz in der Regel wichtiger, als es auf nüchternen Fakten beruhende Sachargumente sind. Bauen Sie deshalb Brücken, um den Wiedereinstieg in eine Zusammenarbeit zu ermöglichen. Der Hinweis auf eine mögliche Verbesserung von Arbeitszufriedenheit und Betriebsklima wirkt dabei manchmal Wunder!
- Die U überwiegen: Sie sollten sich auf einen so genannten Unnahbaren einstellen. Lassen Sie ihn entscheiden, wann er auf Sie zukommt, und vertrauen Sie darauf, dass er dies auch tun wird. Versuchen Sie nicht, ihn zu bedrängen. Kommen Sie ihm zu nahe, reagiert er ausgesprochen ungehalten. Akzeptieren Sie deshalb sein Revier. Schaffen Sie Möglichkeiten, um spontan und ungeplant mit ihm kommunizieren zu können.

Wie wirken Sie auf andere?

Zweck: Selbst- und Fremdwahrnehmung unterscheiden

Dauer: 25 Minuten

Hilfsmittel: bodentiefer Spiegel

Beschreibung

Auch wenn viele Menschen es nicht wahrhaben wollen – nach etwa zehn Sekunden entscheidet sich, ob wir einen anderen Menschen sympathisch finden oder nicht. Und in einer ähnlich kurzen Zeit schätzen wir ein, ob eine bestimmte Person für uns eine Bedrohung darstellt oder ob wir ihr vertrauen können.

Diesen ersten Eindruck gewinnen wir anhand vieler Aspekte, z. B. aufgrund der Kleidung, der Körperbewegung und -haltung, des Gesichtsausdrucks, der Frisur, des Schmucks.

Folgende Übung soll Ihnen helfen, Ihre Sensibilität für die Bedeutung des ersten Eindrucks zu schärfen. Sie umfasst zwei Teile.

1. Teil: Mein erster Eindruck

Überlegen Sie, anhand welcher äußerlichen Merkmale Sie andere Menschen beurteilen. Unterscheiden Sie dabei, an welchen Eigenschaften Sie einen „Sympathieträger" und einen „Fiesling" festmachen. Notieren Sie Ihre Gedanken auf einem Blatt mit zwei Spalten:

So sieht für mich ein „Sympathieträger" aus	So sieht für mich ein „Fiesling" aus

2. Teil: „Fiesling" oder „Sympathieträger"?

Stellen Sie sich vor einen hohen Spiegel. Schließen Sie die Augen – und stellen Sie sich vor, wie Sie auf Ihr Gegenüber wirken wollen: als „Sympathieträger" oder als streitbarer Kollege, Mitarbeiter oder Vorgesetzter, mit dem eine Auseinandersetzung anstrengend wird. Denken Sie dazu intensiv an die Merkmale, die Sie zu einem „Sympathieträger" oder „Fiesling" werden lassen. Machen Sie nach zwei Minuten die Augen wieder auf.

Was fällt Ihnen auf? Wie wirken Sie? Wirken Sie so, wie Sie es beabsichtigt haben? Oder stört Sie etwas?

Diese Übung setzt voraus, dass Sie ungestört sind und sich in aller Ruhe auf die Aufgabe konzentrieren können. Wer den Umgang mit Gestik, Mimik und Blickkontakt nicht gewohnt ist, sollte die Übung an mehreren Tagen wiederholen. Nur so kann es gelingen, die eigene Aufmerksamkeit zu schärfen und die Diskrepanz zwischen Selbstwahrnehmung (= Wie sehe ich mich?) und Fremdwahrnehmung (= Wie werde ich wohl von anderen gesehen?) zu minimieren.

Auswertung

Es ist nicht überraschend, wenn Sie gemerkt haben, dass Ihre Gedanken und Einstellungen auch Ihr Erscheinungsbild bestimmen, so z. B. welche Körperhaltung Sie vor Ihrem Gegenüber einnehmen und wie Ihr Gemütszustand sich in Ihrem Gesichtsausdruck widerspiegelt.

Auch wenn dies eine Übung im privaten Umfeld ist – in gleicher Weise wird sich ein sympathischer oder unangenehmer Eindruck auch bei einer Auseinandersetzung im Beruf vermitteln.

Übrigens: Seien Sie sich bewusst, dass auch Ihr Dresscode ein bestimmtes Erscheinungsbild unterstreicht: Tragen Sie etwa eine teure Uhr oder andere Accessoires die in bestimmten Arbeitsfeldern Neid auslösen, so dürfen Sie sich nicht wundern, wenn dies eine mögliche Abneigung Ihres Gegenübers verstärkt. Andererseits: Kommen Sie in einem anderen beruflichen Umfeld zu locker daher, so provozieren Sie und bestätigen womöglich gegen Sie bestehende Vorurteile.

Small Talk sicher beherrschen

Zweck: Fettnäpfchen vermeiden

Dauer: 25 Minuten

Beschreibung

Kommunikation ist das Lebenselixier jedes Unternehmens – und dies gilt auch für den belanglosen Klatsch und Tratsch. Gerade wenn man mit Kollegen viel Zeit verbringt, gehört der Small Talk zum Berufsalltag und ist ein wichtiger Teil der Beziehungspflege. Ohne Small Talk geht es nicht. Versuchen Sie sich ihm zu entziehen, so können Sie die Stimmung unter Ihren Kollegen kaum mehr einschätzen; außerdem laufen Sie Gefahr, durch Ihre Abwesenheit möglicherweise zum Gegenstand negativer Gerüchte zu werden.

Doch Vorsicht: Gespräche zwischen Tür und Angel haben auch ihre Tücken. Unüberlegte Äußerungen und anstößige Bemerkungen können durchaus negative Folgen haben; insbesondere dann, wenn andere Personen Sie womöglich in ein schlechtes Licht rücken. Beteiligen Sie sich am Small Talk, so sollten Sie Ihre Aussagen und Kommentare daher mit Bedacht wählen, denn schneller als erwartet sind Sie möglicherweise in ein Wespennest getreten; im schlimmsten Fall werden Sie der üblen Nachrede bezichtigt.

Es gilt daher, Small Talk so zu beherrschen, dass er keine negativen Folgen hat.

Mit dieser Übung können Sie sich Ihr persönliches Small Talk Konzept schaffen. Zeichnen Sie die hier abgebildete Liste ab und füllen Sie die Spalten mit eigenen Stichworten.

Small Talk		
... niemals über	**... mit Vorsicht über**	**... immer gerne über**
Interna von Dienstgesprächen	Familie	Feste
Gerüchte über Kollegen	Verfehlungen von Kollegen und Vorgesetzten	Fußball, Sport
Beziehungen am Arbeitsplatz		Urlaube

Fragen Sie sich dabei: Welche Themen sind so heikel, dass sie nicht an den Arbeitsplatz gehören? Was könnte Ihre Kollegen bzw. Vorgesetzten peinlich berühren, belästigen oder beleidigen? Aber auch: Welche Themen sind geeignet, persönliches Interesse am Gegenüber zu signalisieren? Sind Sie bei einigen Punkten nicht sicher, lohnt es sich, Ihren Blickwinkel durch die Diskussion mit einer Ihnen vertrauten Person zu hinterfragen und unter Umständen auch zu revidieren.

Konflikte aufbrechen

Zweck: Gewohnheiten ändern – Konfliktsituationen aufbrechen

Dauer: je nach Situation

Beschreibung

Auch im Umgang mit Konflikten neigen Menschen dazu, in Routine zu verfallen. Altbekannte Konfliktfelder, die immer gleichen Beteiligten und deren reflexartige Reaktionen – erstarrte Wahrnehmungs- und Denkmuster verhindern häufig nachhaltige Konfliktlösungen. Um Auseinandersetzungen in einem anderen Licht zu sehen, bedarf es deshalb neuer Sicht- und Handlungsweisen.

Damit Sie eine Situation neu bewerten können, hilft oft schon eine Veränderung alltäglicher Gewohnheiten.

Beispiel

Bislang haben Sie sich auf der immer gleichen Fahrt mit dem Bus ins Büro stets über den zu erwartenden Konflikt mit Ihrem Kollegen geärgert. Nun aber fahren Sie mit dem Fahrrad in die Firma. Das dauert zwar länger, dafür genießen Sie eine Fahrt durch den grünen Stadtpark und fast jeden Morgen die schöne Sonnenaufgangsstimmung.

Auf diese Weise gewinnen Sie neue Eindrücke und Empfindungen. Keine Garantie, aber nicht ausgeschlossen, dass Sie auch in anderer besserer Stimmung im Büro ankommen und Ihren „fiesen" Kollegen gar nicht so ernst nehmen.

Fazit aus diesem Beispiel: Schon Kleinigkeiten können dazu beitragen, Ihre Arbeitssituation mit anderen Augen zu sehen. Überlegen Sie nun, welche Möglichkeiten es für Sie gibt, eine Neubewertung festgefahrener Konfliktsituationen zu erreichen. Einige Beispiele dazu:

Anders als gewohnt,

- verabreden Sie sich mit einem Kollegen für die gemeinsame Fahrt zur Arbeit
- begrüßen Sie Ihre Kollegen persönlich mit Namen,
- geben Sie Ihrem streitbaren Kollegen ganz unerwartet Recht,
- laden Sie Ihren Erzfeind im Beisein anderer Mitarbeiter zu einem Kaffee in die Kantine ein,
- laufen Sie erst einmal zwei Stockwerke herauf und herunter, wenn Sie sich über einen Mitarbeiter geärgert haben.

Verstehen Sie diese Übung richtig: Es geht nicht um weitreichende Umbrüche Ihres Lebens, sondern um neue Eindrücke und Erfahrungen zur Gestaltung Ihres Arbeitsalltags. Dabei kommt es letztlich auf die praktische Umsetzung Ihrer Ideen an. Machen Sie sich einen Plan, wann und wie Sie anfangen – und lassen Sie sich nicht abhalten, diesen dann auch umzusetzen.

Auswertung

Stellen Sie fest, dass Sie in Ihrer Einstellung und Ihrem Verhalten „festgefahren" und für Ihren Gegner berechenbar geworden sind, dann ist ein Bruch mit den bisherigen Gewohnheiten oft unumgänglich.

Wie Sie anhand dieser Übung sicherlich gemerkt haben, können schon kleine Änderungen von Alltagsroutinen für „frischen Wind" im Umgang miteinander sorgen. Dies gilt auch für Konflikte. Indem Sie z.B. neue Erfahrungen machen und aus Ihrer veränderten Wahrnehmung neue Kraft und Zuversicht schöpfen, werden Sie Ihren Konfliktgegner überraschen, unter Umständen sogar irritieren. Er wird gezwungen sein, sich neu zu positionieren. Sie dagegen nutzen diese Phase, um neue Standpunkte zu setzen und daraus zu profitieren. Denn für manche Situationen gilt: Nur wer sich ändert, bleibt sich treu!

Ein Vertrag mit sich selbst

Zweck: Absichten verbindlich festschreiben

Dauer: 30 Minuten

Für diese Übung brauchen Sie eine zweite Person.

Hilfsmittel: Umschlag und Briefmarke

Beschreibung

Viele Interessenunterschiede und Meinungsverschiedenheiten müssen – vorausgesetzt Sie sind an einer konsequenten Problemlösung interessiert – nicht zu Konflikten werden. Allerdings: Damit Ihre Vorsätze nicht einfach nur in einer Sonntagsrede verklingen, müssen Sie Ihre Absichten ernsthaft und verbindlich umsetzen. Schließen Sie deshalb einen Vertrag mit sich selbst – so verbindlich als wenn sie ihn mit einem Geschäftskunden geschlossen hätten.

Nehmen Sie zu diesem Zweck eine DIN-A4-Seite, überschreiben Sie sie mit „Vertrag mit mir selbst" und halten Sie darunter Ihre Absichten zur Konfliktlösung schriftlich fest. Je detaillierter der Vertrag formuliert ist, desto weniger Ausreden und Interpretationen sind möglich. Berücksichtigen Sie dabei folgende Punkte.

- Ziel: Was soll mit dem Vertrag erreicht werden?
- Weg zur Konfliktlösung: Welche Schritte sind notwendig, um zu einem friedlichen Miteinander zu kommen?
- Zeit: Beginn und Dauer des Vorhabens sowie Fristen für einzelne Etappenziele.

- Belohnung: Formulieren Sie hier den bei Zielerreichung von Ihnen vorgesehenen Anreiz, so z. B. eine schöne Wochenendreise mit Ihrem Partner oder ein gutes Essen im Lieblingsitaliener.
- Vertragsstrafe: Was passiert, wenn Sie den Vertrag nicht einhalten?
- Datum und Unterschrift unterstreichen die Verbindlichkeit der Absichten.

Vereinbaren Sie keine Probezeit!

Den so formulierten Vertrag stecken Sie nun in einen Briefumschlag. Diesen überreichen Sie einer Vertrauensperson. Beauftragen Sie Ihren Vertrauten dann, den Brief nach einer bestimmten Zeit (z. B. sechs bis acht Wochen) per Post an Sie zurückzuschicken. Beim Öffnen des Briefes und der Lektüre des Vertrages werden Sie spätestens dann an Ihr Vorhaben erinnert; so bleiben Sie konsequent am Ball.

Zum Nutzen dieser Übung

Im therapeutischen Kontext ist der „Brief an sich selbst" ein probates Instrument, die Bereitschaft zu bestimmten Verhaltensänderungen zu stärken. Übertragen auf eine Konfliktsituation am Arbeitsplatz, funktioniert diese Methode in gleicher Weise: Nicht nur, dass Sie sich so über Ihre Ziele und den Weg dorthin klarwerden, Sie formulieren damit auch eine konkrete Vorgehensweise und schaffen durch deren Verschriftlichung eine besondere Verbindlichkeit. Schließlich wollen Sie ja nicht an Ihren eigenen Ansprüchen scheitern.

Bleiben Sie verbindlich

Zweck: Absichten verbindlich festschreiben

Dauer: 30 Minuten

Für diese Übung brauchen Sie eine zweite Person.

Beschreibung

Wer mit unverbindlichen Aus- oder gar Zusagen ein Gefühl der Beliebigkeit vermittelt, der wird als verlässlicher Gesprächs- oder Verhandlungspartner nicht ernst genommen. Dies gilt gerade auch für Konflikte: Um sie zu beenden, bedarf es konkreter Vereinbarungen, die auch wirklich eingehalten werden. Ein ständiges Lamentieren oder Zurückrudern schafft kein Vertrauen und sorgt beim Gegenüber für Irritationen. Damit die gegnerische Konfliktpartei weiß, woran sie ist, müssen Sie Ihre Glaubwürdigkeit daher auch durch eine verbindliche Kommunikation sicherstellen. Das verlangt, dass Sie

- authentisch bleiben, d.h. sich nicht verstellen und z.B. nicht den verständnisvollen Kollegen mimen, wenn Sie einen entsprechenden Standpunkt nicht teilen.
- Ihre Erwartungen und Vorschläge als Ich-Botschaften formulieren, d.h. Ihre Argumente aus einer persönlichen Perspektive begründen und sich nicht hinter Allgemeinplätzen, wie „Man könnte doch ..." verstecken. Anstatt „sollte" oder „könnte" wählen Sie konkrete Ansprüche wie „Ich möchte ..." oder „Wir müssen uns ...".

- Ihren Standpunkt konsequent vertreten und in Ihren Aussagen nicht als wankelmütig oder widersprüchlich wahrgenommen werden. Morgens anders als abends zu argumentieren sorgt zwar bei anderen für einen Überraschungscoup, erschwert es jedoch, Sie verbindlich einzuschätzen und als seriös wahrzunehmen.

Versuchen Sie bei dieser Übung die folgenden Allgemeinplätze durch verbindliche Aussagen zu ersetzen:

- „Man könnte die Dinge auch anders sehen."
- „Diese Änderung sollte zu einer Lösung unseres Konfliktes führen."
- „Es sollte möglich sein, unsere Standpunkte wie folgt zusammenzufassen."
- „Bis zu diesem Zeitpunkt könnte es mit einer Umsetzung unserer Vereinbarung schwierig werden."
- „Es wäre sinnvoll, wenn ..."

> Haben Sie mit der Formulierung Schwierigkeiten, so stellen Sie sich vor, Sie müssten hinter jeden Ihrer Sätze ein Ausrufezeichen setzen.

Mit Konflikten umgehen

Hat sich ein handfester Konflikt entwickelt, so lässt sich meist nur durch ein sozialkompetentes Handeln eine Eskalation der Situation vermeiden.

Die folgenden Übungen helfen dabei,

- den Konfliktverlauf zu stoppen,
- Ihren Gegner besser einzuschätzen,
- Grenzen zu setzen,
- den Umgang mit Kritik zu verbessern,
- Killerphrasen zu entkräften,
- sich gegen Stress zu wappnen.

Was passiert, wenn ich scheitere?

Zweck: Mit Niederlagen umgehen

Dauer: 15 Minuten

Beschreibung

Nicht jeder Konflikt lässt sich gewinnen – auch bei bester Vorbereitung nicht. Es ist deshalb klug, auch Niederlagen einzukalkulieren. Die Angst vor einem Scheitern darf Sie jedoch nicht in Ihrer Handlungsfreiheit einschränken.

Sie sollten daher in Ruhe überlegen, was passieren würde, wenn Sie sich nicht durchsetzen können und womöglich als Verlierer vom Platz gehen. Klären Sie, ob die Konsequenzen eines Misserfolges wirklich so gravierend sind, wie Sie es zunächst vermuten.

Verwenden Sie 15 Minuten auf die Beantwortung folgender Fragen:

- Was wird sich bei meiner Arbeit/an meinem Arbeitsplatz schlimmstenfalls ändern, wenn ich unterliege?
- Werde ich mir selbst zum schlechten Ausgang des Konfliktes Vorwürfe machen? Wenn ja, wie lange wird es mir dann schlecht gehen?
- Kann ich das Ergebnis des Konflikts gegenüber Vorgesetzten, Kollegen oder Mitarbeitern vertreten, wenn sie mich darauf ansprechen?
- Wie werden Partner, Familie und Freunde wohl reagieren?

- Angenommen, es geht schlecht für mich aus: Würde ich wieder genauso handeln?

Es kann zur Beantwortung dieser Fragen sinnvoll sein, sich einen besonders schlechten und einen besonders guten Ausgang des Konfliktes vorzustellen, also ein Worst-Case- und ein Best-Case-Szenario. Auch wenn die Realität meist zwischen beiden Extremen liegt, so schärft eine solche Sichtweise doch den Blick für das Wesentliche.

Auswertung

In der Regel weiß niemand vorher, welches Ergebnis ein Konflikt haben wird. Allerdings: Nur wer über die Folgen seines Handelns nicht nachdenkt, kann vom Ausgang eines Konfliktes wirklich überrascht sein. Für Sie kann deshalb nach dieser Übung gelten: Selbst wenn sich die gegnerische Konfliktpartei durchsetzt und sich ein persönlicher Misserfolg abzeichnet, sind Sie gut darauf vorbereitet. Sie haben ein entsprechendes Szenario gedanklich bereits durchgespielt und können deshalb angemessen damit umgehen.

Bei dieser Übung werden Sie vielleicht feststellen, dass anfängliche Befürchtungen ihren Schrecken verlieren und Sie sich weder von Angst noch Selbstzweifeln verunsichern lassen müssen!

Den Konfliktverlauf stoppen

Zweck: Eskalation des Konflikts verhindern

Dauer: je nach Schwere des Konflikts

Beschreibung

Konflikte sind häufig Selbstläufer. Gleich einer Lawine lassen sie sich in ihrem Verlauf nur schwer aufhalten oder beeinflussen. Wer mit Konflikten souverän umgehen will, sollte frühzeitig Wege finden, einer möglichen Eskalation entgegenzuwirken.

Überlegen Sie weit vor einer Eskalation, welche Möglichkeiten Sie haben, den sich verschärfenden Konfliktverlauf zu stoppen. Erstellen Sie hierzu eine Liste mit möglichen „Notbremsen". Hier einige Beispiele für gangbare Wege:

- Gelingt es, bei dem bestehenden Konflikt das strittige Thema zu wechseln und auf andere Aspekte überzuleiten?
- Ist es möglich, bei dem bestehenden Konflikt alternative Lösungen ins Gespräch zu bringen?
- Ist es machbar, durch Einbeziehung Dritter (z.B. eines Mediators) einen Kompromiss vorzubereiten?
- Ist es vorstellbar, die eigene Position aufzugeben und so einen kräftezehrenden Dauerkonflikt zu vermeiden?

Klopfen Sie alle denkbaren Möglichkeiten auf ihre Realisierbarkeit hin ab. Übrig bleiben letztlich meist ein oder zwei Perspektiven, die es dann umzusetzen gilt.

Um die jeweiligen Möglichkeiten gedanklich durchzuspielen, brauchen Sie eine entspannte Atmosphäre. Nur wenn Sie ungestört sind und sich gedanklich auf die zu erwartenden Szenarien einlassen, können Sie die mehr oder weniger Erfolg versprechenden Möglichkeiten gegeneinander abwägen.

Abwägungskriterien können dabei die Glaubwürdigkeit, die Vor- und Nachteile, die Nähe zur Position Ihres Gegenübers, aber auch Ihre Erfolgsperspektiven sein.

Um eine Eskalation des Konfliktes zu verhindern, gilt es, aktiv zu werden sowie mit klarem Kopf und Kreativität gegenzusteuern. Pseudolösungen versprechen hier zwar schnellen Erfolg, verschärfen in vielen Fällen jedoch das Konfliktgeschehen. Es hilft daher meistens nicht, Konflikte zu bagatellisieren („Es wird schon nicht so schlimm werden!"), zu ignorieren („Was ich nicht weiß, macht mich nicht heiß!"), zu rationalisieren („Das lässt sich alles erklären ...!"), zu tolerieren („Dafür muss man halt Verständnis haben!"). Auch der Rückfall in kindliches Verhalten (= regredieren) hilft nicht weiter. Ebenso ist es nicht zielführend, mit dem Hinweis auf eine vermeintlich aussichtslose Lage auf jegliche Gegenwehr zu verzichten (= resignieren).

Unterstützung finden

Zweck: Verbündete suchen

Dauer: 30 Minuten

Beschreibung

In Auseinandersetzungen alleine dazustehen ist nicht gut. Besser wäre es, Sie hätten Verbündete. Doch wer kommt als Unterstützer in Frage? Mithilfe dieser Übung erstellen Sie ein Helfer-Konzept.

1. Schritt: Wer kommt als Helfer in Frage?

Überlegen Sie zunächst, wen Sie ansprechen könnten:

- Kollegen oder Mitarbeiter?
- Persönliche Vorgesetzte oder andere Personalverantwortliche?
- Betriebs- bzw. Personalrat? Oder jemand aus der Personalabteilung?
- Soziale Ansprechpartner (z. B. Ausländer-, Gleichstellungs-, Mobbingbeauftragte)?
- Ehemalige Mitarbeiter, zu denen Sie (wieder) Kontakt aufnehmen könnten?
- Natürlich kann es sich auch ergeben, dass Sie keine Verbündeten am Arbeitsplatz finden. Dann suchen Sie in Ihrem privaten Umfeld, z. B. im Freundeskreis oder unter den Mitgliedern Ihres Musik- oder Sportvereins. Sicher wird es dort jemanden geben, an den Sie sich vertrauensvoll wenden können.

- Oder Sie nehmen den Rat professioneller Helfer wie z.B. eines Psychotherapeuten, Rechtsanwaltes vielleicht auch des Leiters eines einschlägigen Volkshochschul-Kurses in Anspruch.

Schreiben Sie alle in Betracht kommenden Ansprechpartner auf das Blatt.

2. Schritt: Wie nehmen Sie Kontakt zum Helfer auf?

Gut, wenn Sie jemanden im Auge haben, auf den Sie in den nächsten Tagen zugehen könnten. Aber wo sprechen Sie ihn am besten an? Persönlich in seinem Büro? Passen Sie die Person in der Mittagspause ab? Sollten Sie zunächst telefonisch Kontakt aufnehmen? Was ist, wenn der Angesprochene keine Zeit hat? Was, wenn er Ihnen nicht helfen kann oder möchte? Wie reagieren Sie?

Zum Nutzen dieser Übung

Andere Personen helfen Ihnen nicht nur mit Rat und Tat, sondern auch auf emotionaler Ebene. In Konfliktsituationen kann es nämlich schnell passieren, dass man aus persönlicher Betroffenheit den Überblick verliert oder sich mit „Tunnelblick" keine Handlungsalternativen mehr vorstellen kann. In diesen Situationen können weniger involvierte Personen helfen, neue Perspektiven zu entwickeln, aber auch die hohe Emotionalität aus mancher Auseinandersetzung zu nehmen. So verbessern sie Ihre Chancen auf eine konstruktive Konfliktlösung.

Entspannen

Zweck: Kräfte sammeln vor und nach Konfliktsituationen

Dauer: ca. 10 Minuten

Hilfsmittel: evt. bequemer Stuhl oder Liege, Musikabspielgerät

Beschreibung

Für viele Menschen sorgen nicht allein die Themen eines Konflikts für Unbehagen – als ebenso unangenehm wird der sie begleitende Stress empfunden. Eine hitzige Atmosphäre, ein schwer einzuschätzendes Verhalten der gegnerischen Konfliktpartei, aber auch der ungewisse Ausgang einer solchen Auseinandersetzung führen bei den meisten Beteiligten zu besonderer Anspannung. Kurz: Konfliktsituationen bedeuten für die meisten Menschen puren Stress. Deshalb ist es wichtig, Anti-Stress-Strategien zu entwickeln, um wieder Kräfte sammeln zu können, sich auf eine schwierige Aussprache einzustellen oder nach einer solchen runterfahren zu können.

Bewährt hat sich dazu die folgende einfache Übung, die unterwegs, am Arbeitsplatz oder zu Hause durchgeführt werden kann:

Suchen Sie sich einen Ort, an dem Sie möglichst für 5 bis 10 Minuten ungestört und alleine sind. Zu Hause ist es leichter, am Arbeitsplatz ist es schwierig – dennoch: sorgen Sie auch dort für eine Atmosphäre, bei der Sie möglichst gut abschalten können. Werden Sie sich hierzu darüber bewusst, wie Ihnen das Entspannen am besten gelingt, so z.B. wenn Sie sich ausstrecken und es sich bequem machen, bei geöffnetem Fenster, mit leiser Musik.

Schließen Sie die Augen und atmen Sie langsam und tief ein und aus. Stellen Sie sich dabei eine wohltuende Umgebung vor und versuchen Sie diese zu „erspüren". Genießen Sie die Ruhe der Situation und versuchen Sie an nichts zu denken. Öffnen Sie erst nach einigen Minuten wieder die Augen.

Auch wenn es für Sie anfänglich noch etwas ungewohnt ist, ein angemessener Umgang mit Stress gehört ebenso zu einem professionellen Konfliktmanagement wie das Warmlaufen zum Sport oder das Einsingen zu Opernsängern. Übung bringt dabei den Erfolg – nach dreimaliger Umsetzung ist die Vorgehensweise vertraut, nach dem sechsten Mal tritt eine gewisse Routine ein.

Ich- statt Du-Botschaften

Zweck: Konflikte entschärfen

Dauer: ca. 10 Minuten

Beschreibung

„Sie kommen viel zu spät.", „Du machst immer den gleichen Fehler." – Du-Botschaften wie diese können Ihr Gegenüber verletzen und bewirken, dass sich Ihr Gesprächspartner zurückzieht. Sie verschlimmern einen Konflikt eher als dass sie helfen, da sie immer etwas Abwertendes in sich haben. Es ist daher besser, Ihre Erwartungen und Vorschläge als Ich-Botschaften zu formulieren, d.h. Ihre Argumente aus einer persönlichen Perspektive zu begründen. Das erfordert bei vielen ein Umdenken. Mit dieser Übung lernen Sie, wie Sie aus vorwurfsvollen Du-Botschaften konstruktive Ich-Botschaften formulieren können. Ersetzen Sie dazu das Du/Sie durch Ich und artikulieren Sie dann Ihre Wünsche und Erwartungen, die hinter dem Vorwurf stehen.

Wandeln Sie die folgenden Du-Vorwürfe in Ich-Nachrichten um:

1 Du erwartest zu viel von deinen Mitarbeitern.

2 Sie bringen nicht genügend Umsatz.

3 Du hast immer die gleichen Lösungsansätze, die uns hier nicht weiterhelfen.

4 Sie arbeiten gegen mich.

Auflösung

Mögliche Ich-Botschaften könnten so aussehen:

1 Mir kommt es so vor, also ob die Mitarbeiter mit der Aufgabe überfordert sind.

2 Ich möchte Ihnen unsere Umsatzziele für dieses Jahr in Erinnerung rufen: ...

3 Ich bin überzeugt davon, dass hier ein anderer Lösungsweg als sonst üblich gefragt ist.

4 Ich wünsche mir ein intensiveres Zusammenarbeiten.

Natürlich sind hier auch andere Antworten möglich. Achten Sie jedoch darauf, dass Sie den Vorwurf durch geschickte Wortwahl so weit wie möglich entschärfen.

Aktiv zuhören

Zweck: Dem Gegner Achtung signalisieren

Dauer: ca. 15 Minuten

Für diese Übung brauchen Sie eine zweite Person.

Beschreibung

Konfliktsituationen können sich unabhängig vom Thema des Konflikts noch verschärfen, wenn Sie Ihrem Gegenüber das Gefühl vermitteln, Sie hören ihm gar nicht zu. Um diesen Eindruck gar nicht erst aufkommen zu lassen, ist aktives Zuhören wichtig.

Es zeichnet sich durch folgende vom Gesprächspartner wahrnehmbare Attribute aus:

- Eine aufmerksame, dem Gegenüber zugewandte Haltung,
- die Bereitschaft, dem anderen zuzuhören und ihn ausreden zu lassen, ein offener Blickkontakt sowie
- die Fähigkeit, Gefühle des anderen spiegeln zu können (z. B. „Ich sehe, dass du verunsichert bist.").

Aktives Zuhören lässt sich lernen, und zwar durch die folgende einfache Übung.

- Setzen Sie sich mit einer Person Ihres Vertrauens zusammen und bitten Sie diese, keine Reaktion auf das zu zeigen, was Sie erzählen. Erzählen Sie ihr dann von einer für Sie besonders bewegenden Situation aus Ihrem Leben, z.B. der Geburt Ihres Kindes oder Ihrer Hochzeit. Beobachten Sie dabei Ihren Gesprächspartner. Wie wirkt sein reaktionsloses Verhalten auf Sie?
- Nun bitten Sie Ihr Gegenüber, möglichst menschlich auf dieselbe, aber noch einmal zu erzählende Geschichte zu reagieren. Was können Sie jetzt beobachten? Wie ist seine Körperhaltung, wie sind seine Gestik und Mimik zu interpretieren?
- Tauschen Sie dann die Rollen. Wie wirken Sie in den zwei Varianten auf Ihr Gegenüber?

Beobachten statt bewerten

Zweck: Wahrnehmen ohne Interpretation des Wahrgenommenen

Dauer: 15 Minuten

Für diese Übung brauchen Sie eine zweite Person.

Beschreibung

Empfinden Sie bei einer Auseinandersetzung besondere Angst – z.B. um Ihren Arbeitsplatz – so besteht die Gefahr, dass Ihre Gefühle Sie von einer sachlichen Bewertung abhalten. Emotionsgesteuerte Vermutungen führen nämlich schnell in die falsche Richtung und letztlich auch zu problematischen Entscheidungen. Gerade in Konfliktsituationen ist es aber von Bedeutung, Ihr Gegenüber und sein Verhalten realistisch einzuschätzen. Dazu gehört auch eine klare Trennung von Wahrnehmung und der Bewertung des Wahrgenommenen. Die Fähigkeit, Situationen wahrzunehmen, ohne sie gleich zu interpretieren, kann man einüben.

Setzen Sie sich dazu am besten in ein gut besuchtes Café, und zwar mit einem wohlwollenden Partner, der den Zweck dieser Übung kennt. Legen Sie eine Zeitspanne von 5 oder 10 Minuten fest, in der Sie beide – jeder für sich – dieselben Gäste, z. B. einzelne Personen an der Theke, Paare im gemeinsamen Gespräch oder auch Kleingruppen, möglichst unauffällig beobachten.

Tauschen Sie sich erst nach Ablauf des Beobachtungszeitraumes aus. Beschreiben Sie Ihre Wahrnehmungen und lassen Sie sich anschließend von Ihrem Begleiter eine ausführliche und ehrliche Rückmeldung zu Ihren Eindrücken geben. Wiederholen Sie diese Übung in gleicher Weise an einem anderen Ort.

Auswertung

Gut, wenn Ihre Beobachtungen durch die Rückmeldung Ihres Begleiters eine Bestätigung erfahren. Problematisch allerdings wäre es, wenn Sie aufgrund des Auswertungsgespräches erkennen müssten, dass sich Ihre Beobachtungen mit Unterstellungen und Vermutungen vermischen, dass Sie also das Wahrgenommene bereits interpretieren. Subjektive und nicht selten von Vorurteilen geprägte Bewertungen können Konflikte verschärfen und insofern zur Eskalation führen.

Die Gründe, warum es uns oft schwer fällt, sachliche Beschreibungen von persönlichen Bewertungen zu trennen, sind vielfältig. Aus wissenschaftlichen Untersuchungen ist bekannt, dass z.B. Stress zu einer verzerrten Wahrnehmung führen kann. So schildern Opfer von Überfällen oder Unfällen Situationen oder Beteiligte nicht selten widersprüchlich und manchmal auch überzeichnet. So wird ein in Wirklichkeit nur 1,70 m großer Bankräuber schon mal 1,90 m groß und die Anzahl der von einem Unfall Betroffenen oft übertrieben. Dies geschieht nicht absichtlich, sondern unter dem Eindruck traumatischer Erlebnisse. Wenngleich Konflikte am Arbeitsplatz nicht mit entsprechenden Situationen vergleichbar sind, so können doch gleiche Mechanismen eine Rolle spielen.

Die Macht der Körpersprache I

Zweck: Körpersprache gezielt einsetzen

Dauer: 40 Minuten

Für diese Übung ist eine zweite Person hilfreich.

Beschreibung

Non-verbale Kommunikation, also Ihre Körpersprache, hat großen Einfluss auf den Verlauf eines Gesprächs. Dies gilt vor allem auch bei Auseinandersetzungen: So kann mit Körpersprache z. B. eine einschüchternde Gesprächsatmosphäre erzeugt werden.

Sie können Ihre Körpersprache in Konflikten gezielt nutzen, um Ihren Gegner zu beeindrucken. Dies sollten Sie zunächst in Alltagssituationen einüben. Dazu bietet sich folgendes Training an:

- Sprechen Sie in einem Geschäft einen Verkäufer an. Fragen Sie ihn nach einem bestimmten Produkt. Lächeln Sie dabei, blicken Sie dem Verkäufer offen in die Augen und nehmen Sie eine entspannte Körperhaltung ein. Achten Sie darauf, dass Sie dabei Ihre Arme nicht verschränken und so eine Abwehrhaltung signalisieren.

- Sprechen Sie in einem anderen Geschäft einen Verkäufer an. Fragen Sie ihn ebenfalls nach einem bestimmten Produkt. Im Unterschied zur ersten Situation stellen Sie sich hier jedoch vor den Verkäufer und verschränken die Arme vor der Brust. Stellen Sie den Angesprochenen mit lauter Stimme zur Rede. Beispielsweise mit einem Vorwurf in der Stimme: „Ich finde hier keine Batterien!" Schauen Sie ihm dabei konzentriert und intensiv in die Augen, auf jeden Fall nicht an ihm vorbei.

Auswertung

Werten Sie anschließend die Reaktionen der Angesprochenen aus. Mit Sicherheit wird Ihr unterschiedlicher Auftritt bei den Verkäufern zu ebenso unterschiedlichen Reaktionen führen. Aber warum? Suchen Sie nach Erklärungen und fragen Sie sich, inwieweit diese Erkenntnisse für Ihr Konfliktverhalten nützlich sein können. Hilfreich könnte dabei die Einbeziehung eines Begleiters sein, der Sie in der jeweiligen Situation beobachtet und später die Analyse mit Ihnen teilt. Wahrscheinlich wird Ihnen Ihre Wirkung auf andere erst in einem solchen gemeinsamen Erfahrungsaustausch so richtig bewusst.

Anhand dieser Übung werden Sie feststellen: Meist sind es nur wenige Sekunden, die wir brauchen um einzuschätzen, mit wem wir es zu tun haben. Überlegen Sie sich deshalb, welchen ersten Eindruck Sie selbst vermitteln möchten – den eines „Sympathieträgers" oder den eines „Fieslings". Entscheiden Sie sich, welche Rolle Sie durch die Körpersprache unterstreichen möchten: die des „Good Guy", der sich nachdenklich und verständnisvoll gibt (u.a. Nähe suchend, die Hand greifend), oder aber die des „Bad Guy" mit seinem eher distanzierten Auftritt (u.a. körperliche Distanz, verschränkte Arme).

Ihr Verhalten sollte nicht darauf angelegt sein zu provozieren – es könnte aber Ihren inhaltlichen Standpunkt unterstreichen und eine gewisse Konsequenz deutlich machen. Darüber hinaus kann der bewusste Einsatz Ihrer Körpersprache der anderen Konfliktpartei signalisieren, dass es entweder schwierig wird, sich gegen Sie durchzusetzen, oder dass Sie durchaus offen für eine gemeinsame Konfliktlösung sind.

Die Macht der Körpersprache II

Zweck: Körpersprache richtig deuten

Dauer: 30 Minuten

Beschreibung

Wer die Körpersprache eines anderen richtig deuten will, muss genau beobachten. Wie reagiert der andere auf Fragen? Wie signalisiert er ohne Worte Zustimmung, wie Ablehnung? Wann empfindet er etwas als unangenehm, wann fühlt er sich wohl? Für die Körpersprache von anderen kann man sich sensibilisieren. Übung macht hier, wie so oft, den Meister. Ein einfaches Training dazu funktioniert wie folgt:

Fragen Sie eine Person Ihres Vertrauens, die Sie nicht allzu gut kennen – z. B. einen Kollegen oder Bekannten – ob sie für die Übung zur Verfügung steht. Stellen Sie sich gegenüber. Beginnen Sie dann, der Person geschlossene Fragen zu stellen, die diese wahrheitsgemäß beantworten soll. Beispiele:

- Haben Sie Kinder?
- Sind Sie verheiratet?
- Arbeiten Sie Vollzeit?
- Macht Ihnen die Arbeit Spaß?

Konzentrieren Sie sich voll und ganz auf die Körpersprache Ihres Partners: Was ist zu beobachten, wenn er Ablehnung bzw. Zustimmung signalisiert? Wie verändert sich seine Haltung und seine Gestik?

Nach etwa zehn Fragen beginnt die Variante 2 der Übung: Sie stellen weitere Fragen, Ihr Gegenüber beantwortet sie jedoch nicht mehr laut, sondern nur noch in Gedanken. Können Sie erkennen, wann Ihr Gesprächspartner eine Frage mit Ja beantwortet und wann er Nein meint?

Am Ende der Übung folgt die Auflösung: Welche Antwort haben Sie richtig wahrgenommen, welche falsch?

Auswertung

Diese Übung will Sie nicht im Gedankenlesen trainieren, sondern in Ihrer Wahrnehmung. Sie schärft Ihre Sinne für die Körpersprache anderer. Sie werden feststellen: Je öfter Sie diese Übung mit verschiedenen Gesprächspartnern wiederholen, desto besser werden Sie.

Die Stimme schulen

Zweck: Die Macht der Stimme kennenlernen

Dauer: 20 Minuten

Hilfsmittel: beliebiger Text, z.B. Gedicht oder Artikel auf einer DIN A 4 Seite, evt. Diktiergerät

Beschreibung

Bei Auseinandersetzungen spielt die Fähigkeit, klar und deutlich mit der Stimme die eigene Position zu unterstreichen, eine wesentliche Rolle, um sich durchsetzen zu können. Eine leise und monotone Stimme lässt dagegen schnell den Eindruck von Schwäche aufkommen.

Wie andere kommunikative Fähigkeiten, so lässt sich auch der angemessene Einsatz der Stimme trainieren. Bereits das Vorlesen eines einseitigen Textes verdeutlicht, welche Wirkungen Sie mit Stimme erzeugen können.

Lesen Sie dazu einen zuvor ausgesuchten Text auf verschiedene Weise vor:

- Zunächst laut, als müssten Sie gegen eine Geräuschkulisse im Hintergrund (z.B. einen laufenden Fernseher) anreden,
- dann zügig, so als müssten Sie auf die Zeit achten, und
- letztlich mit der besonderen Betonung zuvor gekennzeichneter Worte.
- Lesen Sie zunächst auf einem Stuhl sitzend und dann später hinter dem Stuhl stehend.

Varianten

- Sie können sich beim Vorlesen mit einem Diktiergerät aufnehmen. Sie werden überrascht sein, wie Ihre eigene Stimme klingt.
- Die Einbeziehung eines wohlwollenden Partners, der Ihnen Rückmeldung gibt, verstärkt den Lerneffekt.

Auswertung

Schon nach kurzer Zeit stellen Sie fest: Stimme ist ein mächtiges Kommunikationsinstrument. Indem Sie Lautstärke, Sprechtempo und Betonung, aber auch die Pausengestaltung variieren, werden Ihre Aussagen und damit auch Sie als Person unterschiedlich wahrgenommen.

Die Stimme (paraverbal) ist neben dem gesprochenen Wort (verbal) und der Körpersprache (non-verbal) die dritte Dimension der Kommunikation. Unterstreicht sie die Körpersprache eines Menschen, dann kann sie den erwünschten Eindruck verstärken. Wird sie als Widerspruch zum sonstigen Erscheinungsbild wahrgenommen, so vermittelt dies ein eher komisches oder auch unsicheres Bild. Beispiel: Jeder kennt die schrille Stimme des rothaarigen Kobolds Pumuckl in der TV-Kinderserie „Meister Eder" – könnten Sie sich diese Tonlage bei einer seriösen Zugauskunft der Deutschen Bahn vorstellen? Wohl kaum!

Grenzen setzen lernen

Zweck: Mit Grenzverletzungen umgehen können

Dauer: 40 Minuten

Für diese Übung brauchen Sie eine zweite Person.

Beschreibung

Niemand muss sich alles gefallen lassen. Auch Sie nicht. Nun sind Situationen, in denen Grenzen von anderen verletzt werden, nicht vorhersehbar. Es gibt jedoch im Arbeitsalltag grenzverletzende Situationen, die häufig vorkommen. Sie können sich entsprechend vorbereiten, indem Sie diese gedanklich durchspielen und sich mögliche Reaktionen darauf überlegen. Suchen Sie sich einen Partner, mit dem Sie die folgenden Situationen simulieren können.

Wie würden Sie auf die folgenden Äußerungen reagieren: Ein Vorgesetzter, Kollege, Mitarbeiter und/oder Kunde

- spricht Sie in unsachlichem Ton an.
- beleidigt Sie persönlich.
- konfrontiert Sie mit Vorurteilen.
- duzt Sie, obwohl dies nie vereinbart wurde.
- rückt sehr dicht an Sie heran.
- schreit Sie an.
- droht Ihnen, sich über Sie zu beschweren.

Um sich in diesen Situationen wirklich Respekt zu verschaffen, müssen Sie in der Lage sein, sich sowohl verbal wie körpersprachlich abzugrenzen. Wie erfolgreich Sie dabei sind, zeigt Ihnen die Rückmeldung Ihres Übungspartners.

Ein Tipp: Selbst wenn Sie sich angegriffen und verletzt fühlen – behalten Sie die Nerven! Manche Gegner legen es darauf an, Sie aus der Reserve zu locken und zu emotionalisieren. Deshalb: Versuchen Sie sich nicht provozieren und womöglich zu Handlungen hinreißen zu lassen, die zu einer (weiteren) Eskalation bestehender Spannungen führen könnten. Auch wenn es niemandem leicht fällt – bleiben Sie gelassen und zeigen Sie sich auch bei persönlichen Anfeindungen von Ihrer professionellen Seite!

Bewusst Nein sagen

Zweck: Nein sagen lernen

Dauer: 40 Minuten

Für diese Übung brauchen Sie eine zweite Person.

Beschreibung

Vielen Menschen fällt es schwer Nein zu sagen, weil sie Konflikte scheuen. Wer sich jedoch nicht abgrenzt, wird schnell zum Spielball der Interessen anderer. Bestimmte Ansprüche und Anfragen abzulehnen, können Sie lernen. Dabei hilft Ihnen die folgende Übung:

Setzen Sie sich mit einer Ihnen vertrauten Person in ein Cafe und spielen Sie mit dieser die folgenden drei Szenarien nach:

- Ihr Gegenüber bietet Ihnen einen Kaffee an. Obwohl er Ihnen sicher schmecken würde, lehnen Sie dankend ab.
- Ihr Gegenüber bittet Sie um einen Gefallen, er muss z.B. unbedingt einen Kollegen von Ihrem Mobiltelefon aus anrufen. Sie verweigern diese Bitte.
- Ihr Gegenüber ist besonders freundlich, hält intensiv Blickkontakt und versucht Sie mit Charme und Liebenswürdigkeit von einem gemeinsamen Kinobesuch zu überzeugen. Sie lehnen ebenso freundlich wie bestimmt ab.

Auswertung

Analysieren Sie nach dem Durchspielen dieser Szenen Ihre Reaktionen gemeinsam anhand folgender Fragen:

- Wie schwer fiel es Ihnen, diese Bitten abzuschlagen?
- Fiel es Ihnen schwerer, als Ihr Gegenüber sein Hilfegesuch besonders freundlich vorgebracht hat und Sie Blickkontakt hatten?
- War Ihre Ablehnung mehrdeutig oder unmissverständlich?
- Wie hat Ihr Gegenüber Sie wahrgenommen – wie souverän und sicher haben Sie gewirkt?

Menschen, die nie gelernt haben, sich abzugrenzen und Nein zu sagen, werden schnell in Konflikte hineingezogen und für diese verantwortlich gemacht. Damit Sie sich Ansprüchen, die an Sie gestellt werden, auch verweigern können, sollten Sie das Neinsagen in realistischen Alltagssituationen trainieren und hierbei – wie in dieser Übung – das Anspruchsniveau langsam steigern.

Sie werden vom Ergebnis überrascht sein: Das Ablehnen einer Bitte oder auch das Absagen eines Termins machen Sie nämlich nicht automatisch zu einem unkollegialen Außenseiter; vielmehr werden Sie aufgrund Ihrer Entscheidung – auch bei Ihrem Gegenüber – eher mehr Respekt erfahren und an Ansehen gewinnen.

Wer fragt, der führt

Zweck: Fragetechniken anwenden

Dauer: jeweils ca. 10 Minuten

Beschreibung

Wer fragt, bestimmt in der Regel den Verlauf des weiteren Gespräches. Damit beeinflusst er auch, wie sich die Gesprächsatmosphäre entwickeln und sein Gegenüber reagieren wird. Mit der richtigen Fragetechnik lässt sich unter Umständen auch ein drohender Konflikt abwenden. Mit dieser Übung können Sie lernen, mittels Fragen ein Gespräch zu steuern.

Die Übung hat drei Varianten: Variante 1 schult Ihre Spontanität und Offenheit in puncto Fragen, Variante 2 trainiert die Nachdrücklichkeit und Stringenz Ihrer Fragen. Variante 3 bezieht sich auf eine Anwendung entsprechender Fragetechniken im konkreten Gespräch.

Variante 1: Offene Fragen für mehr Spontanität

Es ist hilfreich, wenn Sie sich schnell auf Ihr Gegenüber einstellen können und mittels offener Fragen (den sog. W-Fragen) den weiteren Gesprächsverlauf in Ihrem Sinne lenken.

Ein Beispiel: Ihr Vorgesetzter thematisiert die Qualität Ihrer Arbeit. Sie reagieren darauf mit ein oder zwei offenen Fragen. Beispielsweise: „Warum sagen Sie mir das erst jetzt?" und „Wer könnte mich nun unterstützen?"

Mit offenen Fragen – z.B. durch wann, warum, wer, wie oder wo eingeleitet – bringen Sie Ihr Gegenüber in Zugzwang zu antworten, ohne die betroffene Person dabei in die Enge zu treiben. Dem anderen bleibt für eine ehrliche Antwort genug Spielraum.

Diese Fragetechnik lässt sich trainieren. Versuchen Sie jeweils zwei Fragen dieser Art als Reaktion auf folgende Aussagen zu formulieren:

- „Übernehmen Sie bitte diese Aufgabe!"
- „Es wird schwer für diesen Zeitraum Urlaub zu genehmigen!"
- „Dieses Ergebnis kann ich so nicht akzeptieren!"

Variante 2: Geschlossene Fragen lenken Ihr Gegenüber

Geschlossene Fragen lassen nur bestimmte Antwortmöglichkeiten zu. Verwenden Sie diese in einem Konfliktgespräch, wirken Sie bestimmend und weniger kompromissbereit.

Beispiel: Ihr Vorgesetzter thematisiert die Qualität Ihrer Arbeit. Sie reagieren mit einer konkreten Gegenfrage: „Wissen Sie überhaupt, dass zwei Kollegen krank sind?"

Da auf Fragen dieser Art nur ein Ja oder ein Nein möglich ist, dienen entsprechende Fragen besonders gut zur Abwehr von Vorwürfen. In kurzer Abfolge gestellt, können mehrere Fragen dieser Art aber auch schnell den Eindruck eines Verhörs erwecken.

Versuchen Sie zu den unter Variante 1 genannten Aussagen solche geschlossenen Gegenfragen zu formulieren.

Fragetechniken im Gespräch üben

Fragetechniken lassen sich besonders gut im Gespräch mit anderen trainieren. Suchen Sie sich eine Ihnen vertraute Person als Sparringspartner, verabreden Sie sich mit diesem, über ein bestimmtes Thema zu reden, und stellen Sie im Gespräch ganz bewusst offene und geschlossene Fragen.

Auswertung

Mögliche Lösungen zu Variante 1 und 2:

- „Übernehmen Sie bitte diese Aufgabe!": Offene Frage: „Wieso gerade ich?"/Geschlossene Frage: „Habe ich dafür neben meinen anderen Aufgaben denn Zeit?"
- „Es wird schwer für diesen Zeitraum Urlaub zu genehmigen!" Offene Frage: „Warum ist das so?" Geschlossene Frage: „Haben Sie denn keine Urlaubsvertretung für mich?"
- „Dieses Ergebnis kann ich so nicht akzeptieren!" Offene Frage: „Was habe ich falsch gemacht?" Geschlossene Frage: „Sind Sie der Meinung, das liegt an mir?"

Der geschickte Einsatz von Fragetechniken ist hilfreich im Umgang mit Konflikten. Fragen haben einen Aufforderungscharakter – sie schüren die Erwartung, der Gefragte werde antworten. In der Regel wird diese Erwartung auch nicht enttäuscht. Ob die Antworten jedoch wahrheitsgemäß erfolgen, hängt wiederum von den gestellten Fragen ab. Lassen Sie eine große Variationsbreite von Antworten zu, fallen sie in der Regel auch weniger konkret aus.

Werden Fragen in kurzen Abständen hintereinander gestellt, so bleibt dem Gefragten meist keine Zeit, einen eigenen Standpunkt zu formulieren oder das Thema zu wechseln. Dies drängt den Befragten in eine eher reagierende Rolle und verschafft jedem Fragesteller in Konfliktsituationen einen strategischen Vorteil!

Schneller als der Gegner

Zweck: Spontanität trainieren

Dauer: 25 Minuten

Für diese Übung brauchen Sie eine zweite Person

Beschreibung

Wer Situationen schnell erfassen und schlagfertig auf die Äußerungen seines Gegenübers reagieren kann, hat bei Auseinandersetzungen zweifellos Vorteile. Schneller als der Gegner zu sein und im richtigen Moment das Richtige zu sagen, kann streitentscheidend sein. Da Konflikte heute in erster Linie argumentativ ausgetragen werden, sind geistige Fitness und Wendigkeit dafür wichtige Erfolgsfaktoren. Peinlich wird es, wenn Sie sich eingestehen müssen, in einer bestimmten Situation „ein Brett vor dem Kopf" gehabt und nicht schnell genug reagiert zu haben. Diese Sprachlosigkeit gilt es zukünftig zu überwinden. Um Ihre Spontanität und Sprachgewandtheit zu trainieren, sollten Sie immer mal wieder auf die folgende Übung zurückgreifen:

Setzen Sie sich Ihrem Partner gegenüber. Einem Pingpong -Spiel vergleichbar, werden Sie und Ihr Gegenüber nun auf ein frei gewähltes Stichwort (z.B. „Hauptstädte", später dann „Sportarten") jeweils drei Antworten mit einem bestimmten Buchstaben geben. Sie beginnen: „Nenne drei Hauptstädte mit dem Anfangsbuchstaben B." Ihr Partner könnte dann antworten: „Berlin, Bern, Brüssel". Nun ist er an der Reihe und gibt den Buchstaben „K" vor. Sie antworten: „Kairo, Kabul, Kopenhagen". Nach einigen weiteren Buchstaben formulieren Sie eine neue Aufgabe: „Nenne drei Sportarten mit dem Anfangsbuchstaben R." Sie antworten: „Radfahren, Reiten, Rudern."

Zum Nutzen dieser Übung

Durch einen schnellen Wechsel der Aufgaben und Fragestellungen und deren Beantwortung schulen Sie Ihre geistige Flexibilität und Wendigkeit, die in Konfliktsituationen mit Sicherheit von Vorteil sind.

Wer schlagfertig ist, kann sich besser auf Situationen einstellen und sich durchsetzen. Geistige Beweglichkeit hilft Ihnen, Situationen schneller zu erfassen und spontan zu reagieren. Sie werden folglich nicht mehr so leicht überrascht und können die Angriffe Ihres Gegenübers unmittelbar retournieren.

In erster Linie lebt Schlagfertigkeit von der spontanen Entgegnung auf eine Äußerung des Gegenübers. Natürlich kann es deshalb vorkommen, dass Sie nicht immer die angemessenen Worte finden und von anderen als frech oder vorlaut wahrgenommen werden. Doch mal ehrlich: Was bringt Ihnen eine wohlbedachte Reaktion, wenn diese nicht in der entsprechenden Situation erfolgt?

Killerphrasen entkräften

Zweck: „Totschlagargumenten" wirksam begegnen

Dauer: 30 bis 45 Minuten

Beschreibung

In Konflikten versuchen Menschen die eigene Position durchzusetzen und andere Sichtweisen auszublenden. Häufig kommen hierfür sogenannte Killerphrasen zur Anwendung. Sie sollen kreative Lösungsansätze im Keim ersticken und den eigenen Standpunkt absichern. Es gibt Killerphrasen, auf die man sich ganz gut mit einer einfachen Übung vorbereiten kann.

Legen Sie sich Argumente zurecht, wie Sie in einer konkreten Konfliktsituation folgenden typischen Einwänden entgegnen können:

- Das haben wir schon immer so gemacht!
- Dafür haben wir kein Geld!
- Wenn das so einfach wäre ...
- So kann das nicht funktionieren!
- Das ist alternativlos ...
- Damit machen Sie sich bestimmt keine Freunde!
- Das haben wir vor Jahren schon versucht ...
- Kommen Sie erst mal in meine Position!
- Das ist gegen die Vorschriften!

- Werden Sie erst mal so alt wie ich, dann können Sie das besser beurteilen.
- Das ist völlig realitätsfern!

Auswertung

Killerphrasen sind eine harte Rüstung, die Ihr Gegenüber angelegt hat – alle Ihre Vorschläge prallen an ihr ab. Dennoch – bereiten Sie mögliche Gegenargumente vor. Können Sie diese jederzeit abrufen, so kann es gelingen, Ihr Gegenüber in ein Gespräch zu verwickeln und auf diese Weise dazu zu bewegen, das Visier hochzuklappen.

Wer konstruktive Ideen und Vorschläge mit „Allgemeinplätzen" und Phrasen abzuwehren versucht, signalisiert beim Gedanken an mögliche Veränderungen eine besondere Unsicherheit. Helfen Sie mit guten Argumenten, diese Unsicherheit abzubauen. Konkret: Es reicht nicht, den Einwänden zu entgegnen – bieten Sie darüber hinaus auch Ihre Unterstützung an.

Beispiel

Auf die Phrase „ Das ist alternativlos!", könnten Sie etwa wie folgt antworten: „Ich glaube nicht, dass es nur diesen einen Weg gibt. Lassen Sie uns doch mal gemeinsam über andere Lösungen nachdenken. Ich werde Ihnen drei Vorschläge ausarbeiten, und wir setzen uns dann zusammen, um die Möglichkeit mit den besten Perspektiven auszuwählen." Lassen Sie es also nicht bei einem Gegenargument bewenden. Weisen Sie Ihr Gegenüber beharrlich auf gemeinsame Lösungswege hin und bieten Sie – bei aller Frustration, die das manchmal mit sich bringt – Ihre Mithilfe und Unterstützung an.

Kritisieren, aber richtig

Zweck: Konstruktive Kritik üben

Dauer: 30 bis 60 Minuten

Für diese Übung brauchen Sie eine zweite Person.

Beschreibung

Ein angemessener Umgang mit Kritik ist für die Vorbeugung und Entschärfung von Konflikten gleichermaßen wichtig; dies gilt unabhängig davon, ob Sie selber kritisieren oder kritisiert werden. Wie so oft, gilt auch hier: Der Ton macht die Musik. Vorhaltungen und Vorwürfe – mit schneidender Stimme vorgetragen – erhöhen das Abwehrverhalten und provozieren Gegenangriffe. Einsicht und Verhaltensänderung werden sich so nicht erzielen lassen. Ein ausgewogenes, deshalb aber noch lange nicht unkritisches Feedback verhindert hingegen weitere Auseinandersetzungen!

Diese Übung soll Ihnen bewusst machen, wie Sie Kritik äußern können, ohne Ihr Gegenüber persönlich zu verletzen. Gehen Sie gemeinsam mit einem Partner in folgenden Schritten vor:

- Ihr Gegenüber übernimmt die Rolle einer Mitarbeiterin und gibt ein Problem vor, wie z. B.: „Ich habe bei Ihrer Dienstreise den Termin verwechselt. Ich muss eine Umbuchung vornehmen."
- Äußern Sie spontan die Kritik, die Ihnen zu diesem Problem einfällt, z. B.: „Sie sind ja nicht einmal in der Lage meine Dienstreise richtig zu buchen. Ich nenne das unfähig!"

- Ihr Gegenüber bewertet die Kritik. Ist sie wie im Beispiel als negative Formulierung verletzend, fordert es Sie auf, Ihre Kritik noch einmal, dann aber positiver zu formulieren, so z.B.: „Ein Glück, dass sich das noch korrigieren lässt. Nächstes Mal konzentrieren Sie sich aber bitte, damit der Fehler nicht noch einmal vorkommt." Ihre Kritik findet damit die nötige Akzeptanz.
- Versuchen Sie nun, der Kritik im konkreten Fall sogar ein Lob voranzustellen. Lob erhöht die Aufmerksamkeit des Gegenübers, motiviert zu richtigem Verhalten und signalisiert zugleich Respekt. Sie könnten dann z.B. wie folgt formulieren: „Gut, dass die Aufgaben für heute fast alle erledigt sind. Es bleibt allerdings noch die Umbuchung meiner Dienstreise. Nächstes Mal konzentrieren Sie sich bitte, so dass das Problem mit der falschen Terminierung nicht noch einmal passiert."

Wiederholen Sie die Übung anhand anderer Themen, wie z.B. zur Unpünktlichkeit eines Mitarbeiters, zu Informationsmängeln oder den schlechten Umgangsformen eines Auszubildenden. Reagieren Sie zunächst spontan, dann mit den passenden Worten – vier bis fünf Beispiele reichen dazu aus. So bekommen Sie ein Gefühl für eine angemessene Wortwahl bei der Formulierung von Kritik.

Auf Kritik reagieren

Zweck: Reaktionen auf unsachliche Kritik einüben

Dauer: 30 bis 60 Minuten

Für diese Übung brauchen Sie eine zweite Person.

Beschreibung

Niemand lässt sich gerne kritisieren. Als besonders unangenehm empfinden wir es, wenn wir unsachlich und verletzend kritisiert werden. Unabhängig davon, ob Kritik begründet ist oder nicht – werden Achtung und Anstand ignoriert, so bewirkt Kritik keine konstruktive Auseinandersetzung mit einem Thema, sondern eher verschiedene Formen der Ab- und Gegenwehr.

In dieser Übung gehen Sie der Frage nach, wie Sie selbst mit Kritik – insbesondere wenn sie unsachlich vorgetragen wird – umgehen. Bitten Sie zu diesem Zweck eine Ihnen vertraute Person darum, Sie auf unsachliche Art und Weise zu kritisieren. Die Aussagen in der vorherigen Übung bieten dafür eine gute Grundlage – allerdings sind jetzt Sie der Kritisierte.

Beantworten Sie direkt im Anschluss folgende Fragen:

- Was bewirkt die Kritik bei Ihnen?
- Wie fühlen Sie sich?
- Wie würden Sie reagieren, wenn Sie unabhängig von Konventionen frei handeln dürften?

Variante

Entwickeln Sie als Entgegnung zu ungerechtfertigter, vor allem aber persönlich verletzender Kritik drei oder vier Standardargumente. Proben Sie Ihre Reaktion, damit Sie in einer entsprechenden Situation nicht überrascht sind!

Aber Vorsicht: Verzichten Sie auf Gegenangriffe, so dass Sie keine Rechtfertigung für weitere verbale Entgleisungen liefern!

Auswertung

Die Übung dient dazu, mit Gelassenheit auf mögliche Beleidigungen und sonstige unsachliche Kritik reagieren zu können. Ein professionelles Konfliktmanagement bedeutet nämlich auch, sich nicht provozieren zu lassen und auf emotionale (Über)Reaktionen möglichst zu verzichten. Lernen Sie vielmehr, auch solchen Elementen der Auseinandersetzung argumentativ und sachlich zu begegnen!

Paradox fragen

Zweck: Festgefahrene Situationen aufbrechen

Dauer: 30 Minuten

Beschreibung

Es gibt Konflikte, die sich über Wochen und Monate hinziehen und keine Wendung zum Guten erkennen lassen. Die Hoffnung auf einen Befreiungsschlag schwindet und alles wirkt festgefahren – kurzum: Nichts geht mehr.

In solchen Situationen kann – in Anlehnung an die in der Psychotherapie bekannte „Paradoxe Intervention" – die Beantwortung zunächst absurd erscheinender Fragen weiterhelfen. Eine Aufgabe dieser Art verlangt, dass Sie sich genau über das Gedanken machen, was eigentlich verhindert werden soll.

Eine Übersteigerung lässt dabei das Konfliktgeschehen besonders plastisch erscheinen. Auf diese Weise kann es gelingen eine andere Sichtweise auf die Auseinandersetzung zu gewinnen und die Problematik des bisherigen Konfliktverlaufs neu zu bewerten. Beantworten Sie z.B. die folgenden Fragen:

- Was muss ich tun, damit die Auseinandersetzung mit Herrn/Frau X in den nächsten vier Wochen noch unerträglicher wird?
- Was muss ich tun, damit die Auseinandersetzung mit Herrn/Frau X auf jeden Fall noch bis zum Jahresende andauert?

Zum Nutzen der Übung

Es handelt sich hier um ein Gedankenspiel, das umso intensiver gelingt, je mehr Sie davon schriftlich festhalten. Diese Notizen können auch einige Tage später – z.B. nachdem Sie Ihr weiteres Vorgehen noch einmal überdacht haben – als Mahnung dienen, sich erneut auf den Weg zu einer konstruktiven Konfliktlösung zu machen.

Konflikte nachbereiten

Auseinandersetzungen sind anstrengend. Sie beizulegen ist mit einem hohen Maß an Frustration und Irritation, aber auch Konzentration und Kraft verbunden. Ist ein Konflikt überwunden, gilt es das Erlebte aufzuarbeiten und Bilanz zu ziehen. Eine solche Reflexion dient damit einem persönlichen Lernprozess und der körperlichen wie seelischen Regeneration. Die folgenden Übungen helfen Ihnen dabei.

Manöverkritik

Zweck: Aus Konflikten lernen

Dauer: 30 bis 60 Minuten

Beschreibung

Ziehen Sie Bilanz. Unabhängig davon, ob Sie sich durchsetzen konnten oder der Konflikt (bislang) noch andauert – nach einer gewissen Zeit macht eine Manöverkritik Sinn, die zeigt, was bisher geschehen ist, wo Sie heute stehen, welche Verhaltensweisen sich bewährt haben und wer ihnen geholfen hat.

Um ein Gesamtbild zu gewinnen, notieren Sie die Antworten zu folgenden Fragen:

- Wo stehe ich – bezogen auf den Konflikt – heute?
- Wenn ich zurückblicke – was hat sich mittlerweile im Umgang mit der gegnerischen Konfliktpartei geändert?
- Woran lag es, dass sich die Situation so entwickelt hat?
- Wo waren Grenzen, die ich nicht überschreiten wollte?
- Gab es bestimmte Strategien und Taktiken, die erfolgreich waren/mit denen ich gescheitert bin?
- Gab es bestimmte Personen, die mir geholfen haben/die nicht hilfreich waren?
- Hat sich die Beilegung des Konfliktes (bis jetzt) gelohnt?

Auswertung

Damit Sie den Stand des Konfliktes bewusster wahrnehmen und daraus entsprechende Rückschlüsse ziehen können, macht es Sinn, regelmäßig zurückzublicken (z.B. jeweils am letzten Wochenende eines Monats), und die Ergebnisse daraus schriftlich festzuhalten. Eine ehrliche Manöverkritik kann Ihnen u.a. verdeutlichen, ob die mit dem Konflikt verfolgten Ziele

- übererfüllt,
- erfüllt,
- nicht erfüllt oder
- bei weitem nicht erfüllt

wurden. Damit macht sie deutlich, ob sich der eingeschlagene Weg zur Konfliktlösung insgesamt gelohnt hat. Sie erkennen damit auch, woran z.B. eine Beilegung der Auseinandersetzung – aus Ihrer Sicht – möglicherweise gescheitert ist. Und Sie finden anhand einer solchen Rückschau heraus, ob dies an bestimmten Umständen oder Einzelpersonen lag oder ob die gesetzten Ziele vielleicht doch zu unrealistisch waren.

Sich selbst belohnen

Zweck: Sich selbst etwas Gutes tun

Dauer: 10 Minuten

Beschreibung

Erfolge sollte man gebührend feiern. Das gilt auch, wenn Sie in einer Auseinandersetzung Ihre Position behauptet haben. In einem Konflikt das gesetzte Ziel erreicht zu haben, ist keine Selbstverständlichkeit und deshalb durchaus auch ein Grund, sich für entsprechende Erfolge zu belohnen.

Nutzen Sie die nächsten 10 Minuten dazu, drei Belohnungen zu benennen, mit denen Sie Ihren Erfolg in gebührender Weise feiern könnten; z.B. einen Einkaufsbummel machen, gut essen gehen oder ein Konzert besuchen. Überlegen Sie, auf welche Selbstbelohnung Sie sich besonders freuen – und legen Sie fest, was für deren Realisierung zu tun ist.

Die entsprechende Belohnung sollte immer verhältnismäßig sein, d.h. weder zu groß noch unangemessen klein.

Auswertung

Nach dem Motto „Das habe ich ganz gut gemacht – jetzt habe ich auch eine Belohnung verdient!", gönnen Sie sich etwas. Sich selbst zu belohnen ist eng mit der Fähigkeit verbunden genießen zu können. Nicht selten wird eine solche Genussfähigkeit jedoch mit einer leistungsfeindlichen Einstellung oder einem Mangel an Selbstdisziplin gleichgesetzt. Lassen

Sie sich davon nicht irritieren und haben Sie kein schlechtes Gewissen: Wer Interessenunterschiede und Meinungsverschiedenheiten erfolgreich beilegen kann, hat auch ein Recht darauf, sich selbst zu belohnen. Dies vor allem dann, wenn es, wie so oft im Berufsleben, niemand anderes tut.

Genießen Sie die Belohnung! Achten Sie daher darauf, den angenehmen Dingen Ihre ungeteilte Aufmerksamkeit zu schenken; so sollten Sie es z.B. vermeiden, Essen zu gehen und dann doch wieder über den Beruf zu reden. Selbstbelohnung, die auch für zukünftige Konfliktregelungen motivieren soll, funktioniert nicht zufällig, sondern muss bewusst geplant werden, um positive Stimulanz zu entwickeln.

Stichwortverzeichnis

Literatur

Edmüller, A./Jiranek, H.: Konfliktmanagement. Freiburg/München 2010.

Glasl, F.: Konfliktmanagement. Ein Handbuch für Führungskräfte, Beraterinnen und Berater. 10. Auflage. Bern 2011.

Kampka, A./Brede, N./Brede, A.: Keine Angst vor Mobbing! Strategien gegen Psychoterror am Arbeitsplatz. Stuttgart 2008.

Leymann, H.: Mobbing – Psychoterror am Arbeitsplatz und wie man sich dagegen wehren kann. Reinbek 2002.

Rhode, R./Meis, M.S.: Ich weiß, was ich will: Faire Selbstbehauptung in privaten und beruflichen Konflikten. München 2010.

Schulz, R.: Toolbox zur Konfliktlösung. Konflikte schnell erkennen und erfolgreich bewältigen. Frankfurt a.M. 2007.

Sutton, R.J.: Der Arschloch-Faktor. Vom geschickten Umgang mit Aufschneidern, Intriganten und Despoten in Unternehmen. München 2008.

Zülsdorf, R.-G.: Strukturelle Konflikte in Unternehmen. Strategien für das Erkennen, Lösen, Vorbeugen. Wiesbaden 2007.

Impressum

Bibliografische Information der Deutschen Nationalbibliothek
Die Deutsche Nationalbibliothek verzeichnet diese Publikation in der Deutschen Nationalbibliografie; detaillierte bibliografische Daten sind im Internet über http://dnb.dnb.de abrufbar.

Print: ISBN: 978-3-648-04231-1 Bestell-Nr.: 01358-0001
ePub: ISBN: 978-3-648-05329-4 Bestell-Nr.: 01358-0100
ePDF: ISBN: 978-3-648-04232-8 Bestell-Nr.: 01358-0150

Eberhard G. Fehlau
Konflikte erfolgreich managen
1. Auflage 2014, Freiburg

Redaktionsanschrift: Fraunhoferstraße 5, 82152 Planegg/München
Telefon: (089) 895 17-0
Telefax: (089) 895 17-290
Internet: www.haufe.de
E-Mail: online@haufe.de
Redaktion: Jürgen Fischer
Redaktionsassistenz: Christine Rüber

Konzeption, Realisation und Lektorat: Nicole Jähnichen, www.textundwerk.de
Satz: Beltz Bad Langensalza GmbH, 99947 Bad Langensalza
Umschlag: Kienle gestaltet, Stuttgart
Druck: freiburger graphische betriebe, 79108 Freiburg

Der Autor

Eberhard G. Fehlau

Der Diplom-Psychologe und Diplom-Soziologe ist Direktor des Instituts für Kommunal- und Verwaltungswissenschaften der Fachhochschule für öffentliche Verwaltung (FHöV), einem AN-Institut, Nordrhein-Westfalen, und Geschäftsführer der auf Themen der Organisations- und Personalentwicklung sowie Unternehmenskommunikation ausgerichteten Unternehmensberatung Fehlau & Partner in Düsseldorf.

Anfragen für Beratungen und Trainings sowie Anregungen zum vorliegenden TaschenGuide richten Sie bitte an:

Eberhard G. Fehlau, Fehlau & Partner, Stadttor 1,
40219 Düsseldorf, www.fehlau-consulting.de.

Weitere Literatur

„Gewaltfreie Kommunikation", von Andreas Basu und Liane Faust, 128 Seiten, EUR 6,90, ISBN 978-3-648-04700-2, Bestell-Nr. 00340

„Mobbing", von Christian Stock, 128 Seiten, EUR 6,90, ISBN 978-3-648-01110-2, Bestell-Nr. 00362